绿色发展通识丛书

GENERAL BOOKS OF GREEN DEVELOPMENT

正视生态伦理
改变我们现有的生活模式

[法] 科琳娜·佩吕雄／著

刘卉／译

中国文联出版社

http://www.clapnet.cn

图书在版编目（ＣＩＰ）数据

正视生态伦理：改变我们现有的生活模式 / (法)
科琳娜·佩吕雄著；刘卉译. -- 北京：中国文联出版
社, 2020.11
（绿色发展通识丛书）
ISBN 978-7-5190-4375-9

Ⅰ.①正… Ⅱ.①科… ②刘… Ⅲ.①生态伦理学－
研究 Ⅳ.①B82-058

中国版本图书馆CIP数据核字(2020)第213141号

著作权合同登记号：图字01-2018-0823

Originally published in France as:
Eléments pour une éthique de la vulnérabilité by Corine Pelluchon
© Edition du Cerf,2011
Current Chinese language translation rights arranged through Divas International, Paris / 巴
黎迪法国际版权代理

正视生态伦理 ：改变我们现有的生活模式
ZHENGSHI SHENGTAI LUNLI : GAIBIAN WOMEN XIANYOU DE SHENGHUO MOSHI

作　　者：[法] 科琳娜·佩吕雄
译　　者：刘 卉

责任编辑：蒋爱民　贺　希　　　　　　终 审 人：朱　庆
责任译校：黄黎娜　　　　　　　　　　复 审 人：闫　翔
封面设计：谭　锴　　　　　　　　　　责任校对：谢　宁
　　　　　　　　　　　　　　　　　　责任印制：陈　晨
出版发行：中国文联出版社
地　　址：北京市朝阳区农展馆南里10号，100125
电　　话：010-85923076（咨询）85923092（编务）85923020（邮购）
传　　真：010-85923000（总编室），010-85923020（发行部）
网　　址：http://www.clapnet.cn　　　　　　http://www.claplus.cn
Ｅ-ｍａｉｌ：clap@clapnet.cn　　　　　　　hex@clapnet.cn
印　　刷：中煤（北京）印务有限公司
装　　订：中煤（北京）印务有限公司
本书如有破损、缺页、装订错误，请与本社联系调换
开　　本：720×1010　　　　　　　　1/16
字　　数：196千字　　　　　　　　　印　张：21.5
版　　次：2020年11月第1版　　　　　印　次：2020年11月第1次印刷
书　　号：ISBN 978-7-5190-4375-9
定　　价：86.00元

"绿色发展通识丛书"总序一

洛朗·法比尤斯

1862 年，维克多·雨果写道："如果自然是天意，那么社会则是人为。"这不仅仅是一句简单的箴言，更是一声有力的号召，警醒所有政治家和公民，面对地球家园和子孙后代，他们能享有的权利，以及必须履行的义务。自然提供物质财富，社会则提供社会、道德和经济财富。前者应由后者来捍卫。

我有幸担任巴黎气候大会（COP21）的主席。大会于 2015 年 12 月落幕，并达成了一项协定，而中国的批准使这项协议变得更加有力。我们应为此祝贺，并心怀希望，因为地球的未来很大程度上受到中国的影响。对环境的关心跨越了各个学科，关乎生活的各个领域，并超越了差异。这是一种价值观，更是一种意识，需要将之唤醒、进行培养并加以维系。

四十年来（或者说第一次石油危机以来），法国出现、形成并发展了自己的环境思想。今天，公民的生态意识越来越强。众多环境组织和优秀作品推动了改变的进程，并促使创新的公共政策得到落实。法国愿成为环保之路的先行者。

2016 年"中法环境月"之际，法国驻华大使馆采取了一系列措施，推动环境类书籍的出版。使馆为年轻译者组织环境主题翻译培训之后，又制作了一本书目手册，收录了法国思想界最具代表性的 33 本书籍，以供译成中文。

中国立即做出了响应。得益于中国文联出版社的积极参与，"绿色发展通识丛书"将在中国出版。丛书汇集了 33 本非虚构类作品，代表了法国对生态和环境的分析和思考。

让我们翻译、阅读并倾听这些记者、科学家、学者、政治家、哲学家和相关专家：因为他们有话要说。正因如此，我要感谢中国文联出版社，使他们的声音得以在中国传播。

中法两国受到同样信念的鼓舞，将为我们的未来尽一切努力。我衷心呼吁，继续深化这一合作，保卫我们共同的家园。

如果你心怀他人，那么这一信念将不可撼动。地球是一份馈赠和宝藏，她从不理应属于我们，她需要我们去珍惜、去与远友近邻分享、去向子孙后代传承。

2017 年 7 月 5 日

（作者为法国著名政治家，现任法国宪法委员会主席、原巴黎气候变化大会主席，曾任法国政府总理、法国国民议会议长、法国社会党第一书记、法国经济财政和工业部部长、法国外交部部长）

"绿色发展通识丛书"总序二

万钢

习近平总书记在中共十九大上明确提出，建设生态文明是中华民族永续发展的千年大计。必须树立和践行绿水青山就是金山银山的理念坚持节约资源和保护环境的基本国策，像对待生命一样对待生态环境。我们要建设的现代化是人与自然和谐共生的现代化，既要创造更多物质财富和精神财富以满足人民日益增长的美好生活需要，也要提供更多优质生态产品以满足人民日益增长的优美生态环境需要。近年来，我国生态文明建设成效显著，绿色发展理念在神州大地不断深入人心，建设美丽中国已经成为13亿中国人的热切期盼和共同行动。

创新是引领发展的第一动力，科技创新为生态文明和美丽中国建设提供了重要支撑。多年来，经过科技界和广大科技工作者的不懈努力，我国资源环境领域的科技创新取得了长足进步，以科技手段为解决国家发展面临的瓶颈制约和人民群众关切的实际问题作出了重要贡献。太阳能光伏、风电、新能源汽车等产业的技术和规模位居世界前列，大气、水、土壤污染的治理能力和水平也有了明显提高。生态环保领域科学普及的深度和广度不断拓展，有力推动了全社会加快形成绿色、可持续的生产方式和消费模式。

推动绿色发展是构建人类命运共同体的重要内容。近年来，中国积极引导应对气候变化国际合作，得到了国际社会的广泛认同，成为全球生态文明建设的重要参与者、贡献者和引领者。这套"绿色发展通识丛书"的出版，得益于中法两国相关部门的大力支持和推动。第一辑出版的33种图书，包括法国科学家、政治家、哲学家关于生态环境的思考。后续还将陆续出版由中国的专家学者编写的生态环保、可持续发展等方面图书。特别要出版一批面向中国青少年的绘本类生态环保图书，把绿色发展的理念深深植根于广大青少年的教育之中，让"人与自然和谐共生"成为中华民族思想文化传承的重要内容。

科学技术的发展深刻地改变了人类对自然的认识，即使在科技创新迅猛发展的今天，我们仍然要思考和回答历史上先贤们曾经提出的人与自然关系问题。正在孕育兴起的新一轮科技革命和产业变革将为认识人类自身和探求自然奥秘提供新的手段和工具，如何更好地让人与自然和谐共生，我们将依靠科学技术的力量去寻找更多新的答案。

2017 年 10 月 25 日

（作者为十二届全国政协副主席，致公党中央主席，科学技术部部长，中国科学技术协会主席）

"绿色发展通识丛书"总序三

铁凝

这套由中国文联出版社策划的"绿色发展通识丛书",从法国数十家出版机构引进版权并翻译成中文出版,内容包括记者、科学家、学者、政治家、哲学家和各领域的专家关于生态环境的独到思考。丛书内涵丰富亦有规模,是文联出版人践行社会责任,倡导绿色发展,推介国际环境治理先进经验,提升国人环保意识的一次有益实践。首批出版的33种图书得到了法国驻华大使馆、中国文学艺术基金会和社会各界的支持。诸位译者在共同理念的感召下辛勤工作,使中译本得以顺利面世。

中华民族"天人合一"的传统理念、人与自然和谐相处的当代追求,是我们尊重自然、顺应自然、保护自然的思想基础。在今天,"绿色发展"已经成为中国国家战略的"五大发展理念"之一。中国国家主席习近平关于"绿水青山就是金山银山"等一系列论述,关于人与自然构成"生命共同体"的思想,深刻阐释了建设生态文明是关系人民福祉、关系民族未来、造福子孙后代的大计。"绿色发展通识丛书"既表达了作者们对生态环境的分析和思考,也呼应了"绿水青山就是金山银山"的绿色发展理念。我相信,这一系列图书的出版对呼唤全民生态文明意识,推动绿色发展方式和生活方式具有十分积极的意义。

20世纪美国自然文学作家亨利·贝斯顿曾说:"支撑人类生活的那些诸如尊严、美丽及诗意的古老价值就是出自大自然的灵感。它们产生于自然世界的神秘与美丽。"长期以来,为了让天更蓝、山更绿、水更清、环境更优美,为了自然和人类这互为依存的生命共同体更加健康、更加富有尊严,中国一大批文艺家发挥社会公众人物的影响力、感召力,积极投身生态文明公益事业,以自身行动引领公众善待大自然和珍爱环境的生活方式。藉此"绿色发展通识丛书"出版之际,期待我们的作家、艺术家进一步积极投身多种形式的生态文明公益活动,自觉推动全社会形成绿色发展方式和生活方式,推动"绿色发展"理念成为"地球村"的共同实践,为保护我们共同的家园做出贡献。

中华文化源远流长,世界文明同理连枝,文明因交流而多彩,文明因互鉴而丰富。在"绿色发展通识丛书"出版之际,更希望文联出版人进一步参与中法文化交流和国际文化交流与传播,扩展出版人的视野,围绕破解包括气候变化在内的人类共同难题,把中华文化中具有当代价值和世界意义的思想资源发掘出来,传播出去,为构建人类文明共同体、推进人类文明的发展进步做出应有的贡献。

珍重地球家园,机智而有效地扼制环境危机的脚步,是人类社会的共同事业。如果地球家园真正的美来自一种持续感,一种深层的生态感,一个自然有序的世界,一种整体共生的优雅,就让我们以此共勉。

2017 年 8 月 24 日

（作者为中国文学艺术界联合会主席、中国作家协会主席）

目录

序言

1

生态学和哲学

2

动物和我们：他者的他者和正义的考验

3

工作分工和团结互助

序言

　　"我们和我们的祖先不再居住于同一个星球上：他们居住的星球是辽阔的，而我们居住的星球却是那么渺小……人类一直将地球看作是一个巨人，他们只是在它的表皮上活动，作为一个短暂的过客，其生存依赖于地球，但无法对地球施加影响。这是人类史上第一次，地球在我们眼里看来如此渺小。它不仅渺小，还很脆弱。在我们脚下，是一片肥沃的土地；在我们头顶之上，是几千米适于呼吸的空气：从此，我们意识到自己有足够的能力去污染大气并将沃土变为荒漠。"①

　　65亿人居住在地球上，其中10亿人遭受饥荒威胁。每天都有6000名儿童因为喝了非饮用水而死亡。在1800年，全球3%人口居住在城市。在2000年，全球一半人口为城市人口。到2030年的时候，将会有70%至75%的全球人口居住在城市。在法国，只有2%人口从事农业，而在20世纪初

---

　　① 伯特兰·代·乔弗内尔，《世外桃源，论物质生活条件改善》（1968），巴黎，伽利玛出版社，2002，第66、76页。

的时候，这一数据为 70%[1]。人类和地球的关系发生了变化。如果哲学，在定义上是爱智慧也即爱生活的学问，能够提供一些指导来向我们指明走出危机的道路，那么我们必须重新审视和考量在西方盛行并为新兴国家所效仿的这一社会和政治组织结构。

气候变暖、资源枯竭、环境恶化引起的经济和地缘政治问题、自然灾害带来的人口大规模迁徙问题、与这些灾难相关的负担和责任分配不平问题，这些都是专家分析研究的主题，也是国内和国际上辩论的重点。尽管这些工作成果还较少被落实，我们还是要向这一工作表示敬意。从此执政者和民众都意识到他们必须迎战这一由生活模式和消费模式引发的危机，这种生活模式不具普世性，长此以往只会带来毁灭与战争。但是，只聚焦于这些现象等于只看到了问题的一部分。谈到这是一场环境、经济、社会危机，了解到我们的发展模式必须与有着脆弱生态平衡的生物圈相协调，并且尊重个人，保证代内和代际公平，以上都体现了集体意识的进步。然而，这一意识以及随之而来产生的各种宣言和规章制度，甚至是它所鼓励的个人行为变化，都仅仅才揭开了一部分现

---

[1] 米歇尔·塞尔，《危机四伏的时代》，巴黎，苹果树出版社，2009，第 12-13 页。

实。不仅善意有很大可能被短期即时的利益所利用，而且当我们寻思如何在保护生物圈的同时生活得更好时，这就还是隐含着我们可以什么都不改变就让一切发生变化的想法。因此，即使我们成功降低了二氧化碳排放量，以更加合理的方式管理森林，从一味加大开采原材料和开发能源的直线型经济模式迈向工业废料被转化为资源[①]的循环经济模式和着重服务销售的服务型经济[②]，我们依然如从前一般生活。

这些有益的变革和我们引以为傲的成功工业转产、经济调整都不足以改变我们的政治制度。这些政治制度似乎已经不能应对当今的挑战，而生态学使这些挑战彻底地显现出来，这些挑战与科学技术上的抉择、医疗实践、我们的日常消费模式和工作方式息息相关。这些变革都不能进一步结束我们

---

① 这种操作方法被运用于丹麦。在丹麦，"火电厂和炼油厂互相交换水流和蒸汽流；发电厂的脱硫装置把炭中包含的硫以石膏状形式固定下来，这个石膏可以被用去制造建筑板材。"同样地，当人们在电解铝厂附近修建金属熔炼厂时，这些金属熔炼厂可以直接使用熔化的铝，而不需要重新熔化铝。参照布尔·多米尼克和哈萨克·吉勒劳伦《可持续发展：机不可失，时不再来》，巴黎，伽利玛出版社，2006，第72-73页。

② 布尔·多米尼克和哈萨克·吉勒劳伦《可持续发展：机不可失，时不再来》，巴黎，伽利玛出版社，2006，第77页。两名作者以米其林轮胎举例。米其林公司卖出的轮胎越来越少，但是它提供了其他服务，它开设了教人们省油行驶的课堂，推广了一种优质的轮胎保养服务，避免轮胎充气不足导致轮胎磨损或耗油量的增加。

的妄想。这个妄想酿造了我们的错误，并且直到现在还将权利建立在一个道德主体独自便可以按照其自身需要决定各种事物、其他动植物种类、大自然和世界的价值的能力上，这个道德主体根据文化和人们参与到这一价值评价并施加影响的能力来衡量这些文化和人。我们一直确信我们有权利利用一切对我们幸福有利的东西，我们绝不会让渡任何特权，而这已经超过了现代哲学家们的自我保存和物种保存定义所规定的范围。一个国家内的强者会以富国对待穷国的方式来对待其管理的公民，同理，我们中的每一个人也会以相同的方式对待比我们条件差的人。这种风气通常会带来恶果，导致那些失职的决议机构压制那些最有良知的人，以及那些最有诚意的非政府组织。只要不从根源考虑解决问题，只要不提出另一种人类和他者的关系来代替作为现今受到争议的社会和政治制度基石的哲学，国与国之间的关系、国家和公民社会之间的关系就不会改变，我们也不能获得更多的民主。

政治自由主义的传统和人权哲学为争取公民权和自由做出了极大的贡献，如果没有它们的话，我们现在还会受到暴君的奴役。同样地，一个群体干涉其他人（通常被认为是无能者或者精神失常者）的生活时所使用的暴力让人担心，而凭借着对道德相对主义的批评和指责人权不能为生物伦理学和生态学领域的明智立法提供充分的参考，一些人干脆放弃探讨，叫着重归宗教怀抱，并将其视为普遍伦理。当然，一个仅仅局限于捍卫个人自由的政策仅仅能够解决私德和公德的问题，并不影响后代命运，生物种族的存活（其中包含人类），以及对经济、社会正义和地缘政治产生影响的问题。然而，当每个人选择自己生活方式的权利与尊重保护环境的要求相冲突时，这并不意味着这一困境需要通过善意的暴政或者繁多的复杂规则来解决。

本书的目标之一在于指出一种不武断的替代方案来代替建立在个人消极自由和互惠互利基础上的政治。现今的政治不能使我们想到我们对他者的责任，他者不能给我们带来利益，既不能在协商中捍卫自己的利益也无法对契约条例产生影响。这一替代方案的超越性并不意味着对回到事物旧秩序的渴望，相反，它是一种哲学勇气。在多元和世俗化社会以及启蒙运动所珍视的道德及普遍理性准则崩塌的大背景下，这一股哲学勇气要求制定新的存在论范畴，这个存在论范畴能够丰富人权哲学并且用另一种人类观以及人类与不同于自己的事物、与其他生物种类、与自然的关系的看法去替代建立在道德主体上的伦理和权利。同样地，通过思考存在论范畴，我们能够以更加民主的方式解决超越私德和公德范围的问题。

生态学是一片揭示我们体制失灵和我们预先假定的人类中心论的幼稚性的领域。生态学要求我们去制定一种尊重自然的伦理，思考生命而不仅仅是关注存在。它相当于是一种人类和人类责任观，指挥着我们以另一种方式工作，思考处于依赖状态人群的社会融入和政治。环境道德这个概念，凸显了我们糟蹋自然的事实和我们难以推动社会正义之间的关系，但它未必有用。我们也不确定能否从自然出发建立生态学哲学。将自然看作一个均匀一致的整体的观点在国际上充当了环境政策的依据，它基于自然和文化间的二元性以及自然主义，而这些都是西方特有的，并不具备它们所声称具有的普遍性。同样地，协调自然和公平正义的关系很重要，但是我们不能仅仅满足于将保护生物多样性和尊重当地传统习俗树立为绝对原则。因为有时候这些传统会与禁止捕鱼或者捕猎某些物种的法规发生冲突，就像我们在马卡印第安人的案例中看到的那样①。最后，人们是通过自身文化熏陶来形成对自身和环境关系的看法。为了促进生活方式和社会及政治组织体系的改变，我们必须从这个方面着手，即个人是如何看待自己与他者关系和与他所居住的地球的关系中的自身。

目睹生态学的发展和失败以及各种不同环境政策的矛盾性后所产生的困惑是本书的出发点之一。本书的题目提到了

---

① 对于这群住在华盛顿州的土著人来说，捕鲸不仅涉及经济问题，而且这是他们的身份象征。M.L.马特罗，《协调全球自然和本土文化：马卡印第安人捕鲸活动案例》，希拉·贾萨诺夫和M.L.马特罗译，《地球政治，地方和全球环境治理》，麻省理工学院出版社，第263-284页。

人类并将它摆放在第一行，这意味着生态学还需要继续寻找能应对它所提出的挑战的哲学基础。然而，为了检验这项假设并且尝试了解古典哲学究竟缺少了什么致使我们不能应对遇到的危机，我们将从生态学开始进行探索。目标是指明脆弱性伦理学的基本概念，在环境问题上，我们会遇到这一概念。鉴于要分析致使生态学无法融入我们的生活和民主的古典伦理学和政治学缺陷，我们会参考一些研究者的理论，他们已经清楚指出其缺陷并强调从伦理过渡到存在论的重要性，尽管他们可能并不能创造出他们所追求的存在论。

那么现在问题在于纠正世界观中可能存在的错误看法。这一世界观是社会和政治组织体系的源头，这个体系引导了一种发展模式，现今出现的环境、经济、社会危机将这种发展模式的普通暴力性和非常暴力性凸显得更加明显。除了被社会所遗弃的人员名单以外，还出现了另一种名单，上面列举的都是无法再继续承受充满其一生的不幸以及将不满足感和挫败感解读为自己或社会导致的失败的一群人。这样的社会，将感恩变成难得的品质，将控制变为一种正常管辖方式，将资源短缺的量化变为一种观察方式，它还给万物的团结留下了位置吗？这个团结并不是指援助。这样的社会还能保证残疾人士融入集体吗？帮助残疾人士融入社会意味着我们所采取的措施要以发掘他们自身的优势、差异的积极性、外在性为主导。

我们将采用可行能力方法进行探索，而不去遵照均一模型或者在各种正义形象的营销表演所特有的成果考察标准。可行能力方法考虑了一个个体或者一群人为了获得某项权利或完成某个目标所需要的东西。例如，当我们卖车或者研究社会科学时，效率目标承载着不同的含义。我们还需要思考见证福利国家相对失败的社会局外人的人数增长是否与这样的现实类同：在自然保护方面，所取得的进步表现为虔诚的纸上承诺和议会上政客们的振振有词，而实际上，我们每向前走一步，就要倒退两步。[①] 这种类同要求我们考虑改变政治文化，只有如此我们才能避免上面所述的僵局。

这一方法旨在补充缔造我们的政治传统的哲学，它会带来一些范畴的革新，甚至是对一些范畴提出异议，以和政治传统所依附的文明准则相互兼容。但是，如果说我写这本书完全是为了希望抛砖引玉，提出一种存在论，激发出另一种政治模式，一种能够以更民主的方式应对我们时代的挑战的政治模式（生态学、医疗伦理学和社会正义都要求我们不得回避，必须直面挑战），那么我们首先应该想想现在受到质疑的政治传统来源于哪里。同样，我们也需要指出人类观和人类对于人类与

---

① 奥尔多·利奥波德，《沙乡年鉴》(1949)，巴黎，弗拉马里翁出版社，2000，第262页。

自身、他者、其他生物和大自然的关系的看法是如何滋养了处于代议制民主和契约主义核心的政治观。这一政治观说明了没有进入社会契约范畴内的事物的命运，我们或是会保护它们或是会轻视它们，无论它们是法律定义的人还是事物。

我们现在实行的代议制民主与本杰明·康斯坦所称的"现代人的自由"①相伴而行。现代人的自由的特点在于重视私人领域，在私人领域内每个人都试图获得最大化利益并且得到他们自己所定义的幸福。这种幸福不为国事所干扰，也不会被看作是对公共生活的贡献支持。公共生活变成了一个单独置于一边的领域，由民选代表们对其负责。国家必须保障实现个人幸福所必需的条件。一个公平公正的社会应该是能够让最多个体尽可能获得最大愉悦感和幸福的社会。这样的组织模式将个人奉为最高价值，并且脱离了古代人所定义的自由含义，即自由是参与城邦生活，保证城邦的良好运转和不受侵犯比个人的生活更加重要，就好像是整体大于部分，没有整体就没有部分那样。如今，个人活得就好像他自己的存在和他亲朋好友的存在是他的全部视野范围。国家甚至人类史都只是一个装饰背景，使他悲伤或者让他享受更长久而没那么苦痛的生

---

① 本杰明·康斯坦，《1918年于巴黎皇家讲堂发表的演讲》，《政治著作》，巴黎，伽利玛出版社，1997，第589-619页。

命。但是，无论是在怎样的情况下，意识和存在都往往被认为在本质上是属于个人范畴的。此外，在这种世界观的影响下，人类被视作在自然和其他生物范畴之外，自然和其他生物的存在仅仅是为了帮助实现人类的目标。这种个人主义的兴起和热力学工业革命的到来是一致的[①]。热力学工业革命的发生意味着人们已经可能征服和控制自然，并且通过劳动及生产达到对自然的最优化利用。个人主义和第一次工业革命是同一时期出现的，而且个人主义使工业革命的开展成为可能，也解释了工业革命带来的过度资源开采问题。

这一能源丰富充裕的时代带来了人口增长和原材料爆炸性增长（得益于对化石和矿物资源的大量开采），使18世纪成为与过往的决裂分界点。决裂不仅仅引起了生物圈调节机制的变化，而这种变化是导致生态和社会失衡的原因之一。失衡又导致了大气化学组成的改变，气候变暖，降雨机制变化，海平面上升，气候变异。气候变异又可能带来经济、食品、卫生风险，引起人口迁徙，产生全球性影响。我们的社会也因为劳动分工加深和基础设施的大量建设而变得更加脆弱。在14

---

① 我们在这里重新运用了雅克·格林瓦尔德的表达，他强调了火和热力在这次与钢材和煤炭相关的工业革命中的重要作用，自19世纪后半叶起，化学在这场工业革命中发挥了主要作用。

世纪的时候，平均两个欧洲人中的一个人就会因黑死病丧命，但是这并没有带来社会的完全坍塌，因为四分之三的人口都是偏安一隅且自给自足的农民。那么我们可以想想，"哪一家现代企业可以承受一半员工的消失，哪一个社会可以面对不断发生的飓风、干旱和极端洪水导致的经济损失？"[1]

如果没有某种人类观支撑着人类生产、消费和空间组织模式的话，化石能源储备枯竭和生态系统总体恶化的征兆也不会出现。我们不仅仅对地球有着错误的认识，即认为它是取之不尽、用之不竭的巨人，人类作为天地万物中的无产者必须掠夺它的财富。当我们设想大自然只是承载各种资源的容器时，我们忽略了它的内在价值。此外，我们对人类的认识也是错误的。我们把人类视为个体，认为他的价值就是他与其他人的区别，也就是他对资源的占有欲和剥夺欲，渴望确定对资源的使用权，并用它来对抗他人。

除了恐惧和互惠互利以外，奠定我们当今政治的存在论基础，以及伴随而来的对自由（被定义为选择权和改变欲望对象的权利）的颂扬鼓吹都无法抑制日益膨胀的个人欲望。互惠互利是契约主义的原动力：签订契约和规定公平原则的

---

[1] 布尔·多米尼克和哈萨克·吉勒劳伦《可持续发展：机不可失，时不再来》，第 22 页。

人们是这些规则的应用对象。① 这种政治框架建立在独立自主的道德主体定义之上，但却忽略了没有能力参与决策或是无法为社会做出有互惠互利性质的贡献的一群人。就这样，这种政治框架没有考虑国家之间的贫富差异和力量对比关系。然而，公平正义应该在要求每个人的付出严格平等之外还有别的含义。同样地，契约主义既无法使我们考虑到我们对残疾人士、其他物种和大自然的责任，也无法使我们思考超出了同情和慈悲范围的公平正义问题。② 如同我们在阅读那些旨在改善动物福利以及保护不同物种和生态环境的欧洲指令时看到的那样，权利的赋予并不以对这些实体的特殊存在模式的承认为依据。动物也不是基于它们自身的价值或是它们可赋予价值的能力而获得权利的。③ 至于残障人士，从对他们的

---

① 玛莎·娜斯鲍姆，《正义的前沿，残疾，国籍，物种成员》，剑桥，哈佛大学贝拉纳普出版社，2006，第17-18页。

② 玛莎·娜斯鲍姆，《正义的前沿，残疾，国籍，物种成员》，剑桥，哈佛大学贝拉纳普出版社，2006，第22页。

③ 有三种程度的价值：一个有价值的东西是宝贵的，它具有内在价值，这个内在价值独立于工具价值。但是这也可以指一个能够"赋予价值"的生物或实体，它是主体，而不仅仅是价值的客体。参照霍尔姆斯·罗尔斯顿，《自然中的价值和有价值的自然》(1994)，《环境伦理学》，译者：H.S.哈菲莎，巴黎，弗杭出版社，2007，第153-186页。作者按照这样的角度来思考人类、非人类生物和生态系统的价值，并且说明了"赋予价值"在这种场合下的意义。

关怀和保护过渡到帮助他们融入社会和获得公民身份，还需要作出很多努力。后一个阶段意味着我们已经关注到残障人士能为社会做出贡献。

另外，如果我们依然保留这种政治基础而不作出改变，那么因为害怕自然资源枯竭而产生的环境意识也不过是一种肤浅的生态学。[1]个人为环境恶化感到十分担心，因为这威胁到他不愿意放弃的生活方式，在这样的思维引导下，肤浅生态学会继续执行与过去一样的方案。然而，"如果在我们理智的着重点上，在忠诚感情以及信心上，缺乏一个来自内部的变化，在道德上就永远不会出现重大的变化。"[2]只要我们不对问题进行追根溯源，即人类如何看待大自然和如何看待自身，描述环境优先事项的词语就不会发生改变。我们需要摈弃认为人处于自然界之外，人类可以对自然表现为所欲为的人类观。因为人类看待处于生物群落中的自身的方式与塑造一个真正的保护自然、尊重文化、保障社会正义与和平的政治模式是有着紧密联系的。[3]

---

[1] 阿恩·纳斯，《肤浅的生态学运动和深层的、长远的生态学运动：一个总结》（1973），《环境伦理学》，第51-60页。

[2] 奥尔多·利奥波德，《沙乡年鉴》，第265页。

[3] 奥尔多·利奥波德，《沙乡年鉴》，第259页。

我们居住地球的方式和我们与其他动植物分享地球的方式是我们留下的记号。它体现了一种人类文明和其中承载的各种价值观。只有纠正将我们带入今日境地的人类观，重新审视作为社会契约核心的合作方式，我们才能改正政治的基石。在本书的前两章，我们分别讨论了生态学和人类与动物的关系，我们希望通过对它们的探讨找到一种能够激发出另一种政治和人类观的存在论。

动物问题的探讨搅乱了哲学界，因为它使人类对其自身的观念看法出现了混乱。但是动物问题应该可以帮助我们提出一些哲学范畴，启发出另一种哲学，帮助促进另一种社会组织和政治模式的建立。本书最后一章内容包括从政治方面讨论劳动工作和文化，以及残疾人士的社会融入问题。大地伦理学和动物问题给主体哲学带来的震撼都涉及要求在伦理和政治上作出改变。这些改变会对人际关系产生影响。然而，尽管本书第三章才开始研究人类世界，而且从方法论的观点看，人类世界是最后一个被探讨的主题，它代表了我们的出发点：在国际上，我们已经承认了环境危机和它所带来的各种失常问题，因为人们在生活中开始尝到了这一系列问题的后果。[①]此外，被认为不再等同于古典哲学主体的人类，应担负起责任，改变现有的伦理道德和政治。我们衷心期盼着这些变化。

这种责任是每个人都需要承担的，即使错误是由其他人、某个或某些国家犯下的。这种责任观是脆弱性伦理的核心观点。脆弱性伦理并不会删去主体的概念，但是它意味着我们与他者、大自然的个人关系的变化。脆弱性伦理要求我们去构想一种人类形象与人类对不同实体的责任联系在一起的文明模式。这些意见凸显了《脆弱性伦理学》和《破碎的个人自主》这两本书之间的联系。在《破碎的个人自主》一书中，我们第一次以人类为出发点介绍了这种脆弱性伦理。我们在破碎的个人自主中指出疾病和痴呆激发了一种工作的诞生（这远不仅是弱势人群他们自己的要求）以及随之而来的关于

---

① 如今，科学家们都达成了一个共识："人类引发的气候变化是事实，即使人们还在继续讨论气候变化的速度和方式"，娜奥米·奥兰斯科斯这样说道，《对于气候变化的共识：我们怎样知道我们没有错》，J.F.C.迪曼托和P.道格曼，《气候变化：这对我们、我们的孩子、我们的孙子意味着什么》，剑桥，麻省理工学院出版社，2007，第73-74页。从2000年开始，人类无法再继续无视"澳大利亚的干旱现象，飓风现象频率增加，喜马拉雅山冰雪融化，极地冰盖融化，海水酸化，食物链造成的损失"。此外，人们也开始担心其他物种的快速灭绝现象以及巨大人口数量（2050年，全球人口数量可能会达到90亿）留下的生态印记。参照迪佩什·查卡拉巴提，《历史气候：四个论题》，《观点和书籍国际期刊》，卷15，2010，第22页。

个人自主的重新定义和对责任高于自由的判定。这部作品会出现在接下来的研究之中，破碎的个人自主中提出的人类观也会在那时被作为重点进行讨论。但是我们想要先在这里谈谈脆弱性伦理初步构想中所蕴含的社会和政治意义。为了试图深入研究我们所追求的本质论，我们重新提出了一些问题（动物问题）并将探索领域延伸到生态学。而在重建古典伦理学范畴（自主性、尊严）和恢复敏感性之外，生态学还提出了别的要求。

我们既不能简单地将脆弱性定义为人对其他事物或其他人的依赖，也不能将其定义为人的生存、繁荣发展、幸福及真正作为人活着所必要的一整套自然条件、关系条件和制度条件。的确，关怀伦理学指出了古典正义理论的不足，并且用一个需要通过人际关系建构自我，需要他人并关心他人的个体形象替代了一个主要被定义为自主自决、理想状态是自给自足的个人形象。这样做之后，关怀伦理学与脆弱性伦理学契合在一起。如同后者一样，关怀伦理学希望改变作为如今我们的社会组织体系和发展模式基石的哲学大环境。现在的社会组织体系和发展模式的特点主要在于推崇成绩准则，而不是"努力维持、延续和改善我们的世界，以使我们能尽可能好地生活。"①

　　同样，不可否认，"认为关怀行为有价值的一方会改变我们的价值观，并且使我们重新反思人性观，从自主与依赖性的两难困境转向人的相互依赖性这种更加精致的情感。"② 这种对于补偿性行为的强调使我们理解到"现有的政治学说和道德学说是如何维持权力和特权的不平等性"③，而且没有向这一事实给予足够的认可：那些从事护理工作或者在卫生保健机构工作的人也是既当帮手也当父母，支撑家庭或者全身心投入照顾老人和残障人士、教育孩子的人。关怀伦理学还强调了社会继续运作所必要的前提条件：自主公民可以行使自由权利，性别平等，没有歧视，所有人团结一致，人权得到保障。家庭生活领域也因此是我们培育正义感的第一个场所，社会生活则是一场对各种政治学说的测验，以去粗存精。然而，关怀伦理学还不足以真正建立一种政治哲学，尽管它的作者们多次大声疾呼，并给出了关怀伦理学最完善的版本。

---

① J.特朗托，《一个脆弱的世界》，巴黎，发现出版社，2009，第143页。

　　② J.特朗托，《一个脆弱的世界》，巴黎，发现出版社，2009，第141页。

　　③ J.特朗托，《一个脆弱的世界》，巴黎，发现出版社，2009，第141页。

它的作者们孜孜不倦地研究着关怀理念，使它呈现出实践理性的形态，还将它从性别问题争议中解救出来，这一争议一度致使其被降格为局限于私人领域的伦理学[①]。

通过发展一种人类关系研究方法，关怀伦理学可以影响政治。人类关系研究方法会改变我们对一些工作的价值判断，从而推动我们以另一种方式分配社会角色。就像特朗托指出的那样，关怀伦理学甚至可以促使政治要务和我们做政治的方式发生改变。特朗托强调了这种正义研究方法与在讨论中引入更多民主因素，给予不同对话者更多重视的必要性之间的联系[②]。然而，《一个脆弱的世界》的读者在阅读完此书最后一章后依然意犹未尽，因为作者没有履行她之前的承诺，即建立一种关怀性政治模式。她想要改变现今的道德边界，以确定"关怀"的基本概念。于是，她走上了政治分析的道路，这使她超越了关怀伦理学和正义理论之间的冲突纠纷，而在特朗托之前的关怀伦理学理论家们则在此止步不前。[③]然而，为了成功改变我们的社会结构的基石，我们需要完善古典正义理论。特朗托显然也承认这一点，因为她引用参考了玛

---

① J. 特朗托，《一个脆弱的世界》，第 141 页。

② J. 特朗托，《一个脆弱的世界》，第 218 页。

③ J. 特朗托，《一个脆弱的世界》，第 284 页和第 217 页。

莎·娜斯鲍姆的理论。特朗托似乎认为玛莎·娜斯鲍姆的可行能力方法能够成为她想推广的一种更加公平公正和更加人性化的政治的概念基础。[①]

为了完成这项工程，我们需要一种正义理论和一套合适的概念框架，帮助我们重新定义社会契约的规则——如果契约制形式得以保留的话——和具体指明审议机构，确保民众能更多地参与到与自身相关的集体决议讨论，就算他们不能直接发声。我们还需要重新定义奠定了各种社会正义理论的基本概念。只要尊重、需求、幸福这些概念的内容依旧模糊不清，只要我们不知道什么样的善能算作幸福；不知道从哪一界限算起，生命不算得到充分发展；不知道为了实现公平正义，国家应该承诺保障哪些条件，我们就无法为尊重、需求、幸福这些概念在政治中找到恰当的位置。同样地，只要我们不能依据一个人的自尊和生活方式（指其感知器官、敏感性和他生活的世界）来为他的幸福和受到尊重下定义，我们所依靠用来重新评判所有政治机构的正义理论也不过是一个空壳。

以上工作属于政治哲学的研究领域，因为它将对政治机

---

① 玛莎·娜斯鲍姆，《正义的前沿》，第 187-188 页。

构的构思与哲学问题（人类生活的意义，人类与其他人、其他民族、其他生物的关系的异议）联系在一起。玛莎·娜斯鲍姆便做了这项工作。相比特朗托而言，她的研究成果更具有决定性，她在对阿马蒂亚·森创造的可行能力理论的演绎解读上引入了新亚里士多德主义，并认为我们可以根据不同的应用环境，对可行能力理论作出相应的改变。这套理论的普遍性可以帮助我们建立一些标准，以衡量一个社会的公平正义情况。十项核心能力清单清楚展现了人们为过上有人性、尊严的生活和充分享受拥有的权利所需要的条件。①

在这份清单中，除生命、身体健康、身体健全之外，还出现了想象、情感表达以及与其他物种、自然界的关系。相较于古典理论，人类与其他物种和自然界关系的纳入是一次突破，并且给予了第十项能力一种全新的含义。第十项能力是指政治上的参与和通过财产权和工作权获得他人对自身的承认。玛莎·娜斯鲍姆在将罗尔斯的正义论与该理论不能处理的三个主题对照后，完善了罗尔斯的理论。②此外，她的可行能力方法能够指导公共政策的制定。她在每一项能力中

---

① 玛莎·娜斯鲍姆，《正义的前沿》，第76-78页。

② 对于残疾人士的责任，富裕国家和不发达国家之间的关系，我们与动物的关系。

都定下了一条界线，在这条界线之下，人们便不能真正拥有人的"功能"。通过这一方法，国家需要保障所有公民获得的福利和国家需要满足的公民基本需求被赋予了实在的内容①。如同纳斯的八点纲领成为政治生态学的中流砥柱一样，这份足够清晰并具有开放性的清单可以作为集体行动的参考指南，但它不会掉入繁杂化伦理学的陷阱。繁杂化伦理学将伦理学和政治活动建立在一种无法在多元民主制度内推广的世界观上。

我们需要探讨的是夹在极简化伦理学与繁杂化伦理学中间的这条狭窄的进路。②极简化伦理学主张只有在实际损失发

---

① 玛莎·娜斯鲍姆，《正义的前沿》，第71页。

② 约翰·穆勒的思想启发了这种极简化伦理学，而鲁文·欧江则捍卫了这种极简化伦理学。他区分了伤害和损失，驳斥了康德的对自己的义务一说，批评了繁杂化伦理学带来的"给没有受害者的犯罪行为定罪"。繁杂化伦理学把伦理学和政治建立在一种对应于某种特别的善恶观的人类尊严概念之上，超出了"一个集体可以武力对付它的成员的唯一合法原因"和"人们之所以生活在重重规则之下的原因"，即避免个人对他人造成损害。"但是一个人不可能合理地被强迫去行动或放弃，就因为这样的借口：这么做对他有好处，这么做可以让他变得更加幸福，或者在他人看来，这么做是明智的，甚至是正确的。"约翰·穆勒，《论自由》（1859），译者：L. 兰格烈和D. 怀特，巴黎，伽利玛出版社，丛书，1990，第74页。鲁文·欧江还批评了家长式作风道德，后者意味着干涉个体的意愿，为了对他好（强烈的家长作风），或者为了让他不对自己做出不利的事（轻微的家长作风）。参照鲁文·欧江，《今日的伦理学：繁杂化和极简化》，巴黎，伽利玛出版社，2007。

生时，政府才能采取强制性行动，但是它不能解决超越私人生活领域和公德的问题。极简化伦理学认为，只要人们愿意，他们可以选择折磨自己或者选择一种被道德秩序的守卫者判定为悲惨苦难的生活，即使这种生活不会对任何人带来伤害。极简化伦理学体现了对强制性家长式作风道德和给没有受害者的犯罪行为定罪的政府权力的警惕性。但当我们讨论环境保护问题，甚至是一些医学手段、生物技术应用问题的时候，它的局限性便浮现出来。而这些问题对于政治体制的影响超过了个体利益和自由的范畴。那么，现在问题在于如何指导公共决策，如何在不借助暴力行为的情况下要求人们改变他们的消费模式，并且尊重民主政治下的各种价值观，即尊重个人、自由、和平。我们面前有两个任务，一个是在政治哲学上做研究，另一个是避免繁杂化伦理学自身具有的困境。

繁杂化伦理学推崇我们重拾反映出一个个体或者一个群体道德观的善恶观，但是繁杂化伦理学无法在一个群体的精神风貌或者黑格尔称为"伦理性"的东西又或是道德现实中找到客观依据。通过一系列法律和传统习俗，我们看到了道德现实，它代表了全部的群体共有价值取向。这些共有价值既不是纯主观的，也并没有完全与这一群体的历史脱离。因此，在涉及社会重大问题以及需要暂时将国家价值中立性原则（该原则对于自由主义传统十分重要）放置一边的问题时，繁杂化伦理学不能指导公共政策。

至于事关生物伦理学问题的国家法律，例如医学辅助手段生育和代孕，我们很难不去思考到法律与作为一个国家各种制度基础的价值观以及统治社会家庭生活的传统习俗之间的内在联系。这些价值取向与个人信仰或者群体偏好无关，但是它们决定了一个群体内各项制度的属性，甚至成为准则，解释了一些政治部署的原因，例如资源分配，通过再分配补助退休人员、家庭或者教育政策。通过将一个群体的伦理性与正在实行的公共政策进行对比，我们得以衡量公共政策的合法性，各项法律之间的前后矛盾，以及法律与已存在制度、制度背后的准则、道德和政治源头的不兼容性也被凸显出来。[1]

因此，国际标准还不足以解决上面提到的问题，但这并不意味国际标准没有意义，或者一个特定的群体可以在例如代孕问题的管制和批准立法上不顾知情和自愿原则。同时，每当我们在某一特定时间将一个国际标准或者被认为具有普世性的原则应用到特定人群、特定社会或特定地区的时候，参考及考虑当地文化、传统、资源情况以及地理经济概况都

---

[1] 参照《破碎的自主性：生物伦理学和哲学》，巴黎，法国大学出版社，2009，第一章节。

是十分重要的，如同我们在生态学里看到的那样。除此之外，不同的相关者、民选代表、使用者的参与和自主性也十分重要。然而，使专家协会制定的道德守则、道德宪章、具有普遍性的法律条文被一个群体所接受吸纳的因地制宜问题，都不过只是政治哲学家的任务之一。

人们可以请求政治哲学家阐明共同价值，共同价值是对"善"的看法以及潜移默化影响一个国家的做法和制度的一系列准则。借助政治哲学家们的这一翻译工作，一个群体得以发现道德和政治的源头，这一源头建构了群体的叙事性身份。在这些源头之中，我们需要将宗教因素包含进来。尽管各种宗教不能缔造一种普世性伦理或者一种政治秩序，但是在描述一个政治群体所特有的价值取向时，它可以启发政治哲学家。这一阐释工作必须要经过公共审议，如此一来，我们可以询问自己，我们想要保留和改变哪些准则。这一属于政治阐释学范围的工作同样也强调了实际生活主题的复杂性，使我们能够将人们的隶属领域和不同主题类别（当我们讨论与社会政治结构的变化以及群体变化相关的主题时所涉及的不同主题类别）交叉对比。①

---

① C.佩吕雄，《感性的理性：关于生物伦理学的对谈》，佩皮尼昂，阿尔代尔出版社，2009，第13-18页，第23-26页，第29-31页。

说到群体变化，在这里我们指的是群体身份的变化。如同个体身份一样，群体身份也具有叙述性，即群体身份是一个动态开放的过程，它包含了对自身的思考，在记叙和作品中融入新的事物和其他不同文化。群体身份并不封闭自守，而是不断演变，这也意味着，在个体身上会出现不同的宗教、文化、种族从属。而不同的隶属领域有利于促进个人融入政治群体并拥护政治群体的共同价值观，尤其是接受新事物和差异的价值取向，而不会出现相反的情况。当然，当我们提到政治群体的时候，这意味着它也有自我性，但这并不会损害国际标准的贴切性。在生物伦理学、国际政治和环境方面，国际标准是必不可少的参考，任何一个政治群体都需要掌握它，以更有效地应用它。此外，这一政治思考中较特殊的关键点并不排斥它更具普遍性的一面，这也是政治哲学家的另外一个任务。

这一个任务是指创造出新的存在论范畴，就算其不能成为另一种政治的基础，它至少也能够在以下很能说明问题的领域纠正现行的政策：对残障人士的照料、老年人在社会上的地位、代际联系、劳工组织、与动物和野性生活的关系、对其他文化的尊重以及任何与生态学有关的内容。玛莎·娜斯鲍姆得出的成果对这一政治哲学家固有的工作做出了关键性的贡献。然而，我们和《正义的边界》的关切点不一样，后者旨在纠正罗尔斯的正义理论，并为另一种正义理论提供完整牢靠的基础，这一正义理论能够解决我们与人类、生物、民族的关系问题，它们与我们之间呈现出一种不对称的关系。

当玛莎·娜斯鲍姆对正义理论进行改革时，不对称性出现在正义理论的政治视野内，同时不对称性也作为政治词汇出现在脆弱性伦理学中。脆弱性伦理学的首要概念就是责任概念。在莱维纳斯眼里，责任概念并不是首指也不是主要指一种义务，我们也不是只对与我们有着特殊情感关系的人负有责任。责任概念，它远不属于道德范畴，它是一种主体性观念，这种主体性观念与主体哲学，甚至任何一种自由哲学，比如说海德格尔的哲学，所通用的主体性观念毫无关系。这些评语已经可以让人想到脆弱性伦理学不属道德范畴，只能勉强算得上是一种伦理学。坚持主张对主体性的颠覆，研究政治思考的存在论方面，是本书与玛莎·娜斯鲍姆作品之间研究对象的不同之处。

我们的目标是推进创造出新的哲学范畴，以对奄奄一息的社会政治模式的源头——世界观作出改正。只有从这里开始，我们才可能考虑我们需要怎样的制度来应对现有的环境和社会挑战。长期目标则是提出一些思路，帮助我们改变政治基础，而不是展示相比传统社会契约最终将生灵置于一边，一个更好的政治理论是怎样能够更公正地应用在生灵上的。

我们希望用另一种对于人类与其自身和人类与他者关系的看法来取代拥有自主性的道德主体、人类形象、海德格尔式的在世存在。这种对于人类与其自身和人类与他者关系的看法与哲学传统（尽管哲学传统丰富多样）中任何支持利己主义和暴力的因素都作出了决裂，并且不予人类任何希望——可以通过自我的警醒来避免自身对生命和生物的轻视所引起的恶果。[①] 在我们对这条思路进行深入研究以前（通过对于脆弱性伦理学的含义和政治后果进行思考后，本书得以呈现对于此条思路的几点探索成果），我们有必要重新回顾脆弱性伦理学的特点和它所指的外在性三重体验。

首先，我们来谈谈脆弱性伦理学不是它和弱势人群的关系，以突出脆弱性伦理学的特色。脆弱性伦理学的应用对象既不专门指也不主要指脆弱的人和生命。脆弱的人和生命指的是一些在肉体、精神、社会关系、文化方面容易受到伤害，并且无法独自捍卫好自己的权益的一些个体。他们可以是被统治的各种群体和少数派，也可以是在政治讨论中没被代表的各种实体。哲学被迫修正一些作为伦理和政治试金石的哲学范畴并提出一些建议以用另一种角度考量共在，因为哲学面临了这样的境地：公民社会难以接受差异，民主缺失，在

[①] 本书从这一角度继续探讨《破碎的自主性》中第二章节提出的内容。

关于动物福利的指令方面，法律掉入陷阱之中。

脆弱性伦理学是存在论与政治学的特殊关联之处。它来源于最初的现实，即自身的身体恶化和生物的被动性。每个生命都处于一种"以……为生"的状态，进食，感到寒冷，感受到饥饿和干渴，需要光和空气并且老去。然而，脆弱性伦理学不仅仅也不主要在于恢复感受性的地位，感受性指的是能够感受到疼痛、愉悦、时间流逝或者是被定义为能够体验感受生活是好还是坏的能力。

诚然，光考虑到感受性和生物需要找寻食物，生存并繁衍的问题，我们就可以修改当今社会政治结构的许多哲学基础，改变我们的"在世存在"甚至是我们根据"大自然中的存在"对时间的思考方式。此外，它还会引导我们改变与动物的关系，凸显出这种政治的见识短浅：围绕被主要定义为有理性和自决性的道德主体所建构的政治。然而，能够感受到疼痛的感受性不应该使我们接受这种等级制示意图：我们过于重视活物，将其置于存在物等级排名的高位，给予人类尊严，并且赋予某些动物某些价值。而我们完全拒绝将这些价值赋予植物，尽管植物也具有感受性并且也会对周边环境作出反应。

光是感受性这一项就能将道德可考量性或者道德身份赋予每个拥有感受性的个体，但是感受性不是道德可考量性的条件。道德可考量性更多是取决于这样一种事实：自身存在一些需要捍卫和保护的利益，因此"能够得到这样或那样的优待或者不用遭受其生存之地实践的各种行为所带来的损害。"[1] 问题在于将这种道德可考量性延伸到所有生命的存在，甚至有些存在是没有中枢神经系统的，但是它们会像植物一样凋谢。这样一种看法既不会引导人类尊重任何一种特定的生命，也不能废除掉各种生命之间的优先顺序[2]。然而，这一道德可考量性的新标准也可以应用于不是有机体，但是依靠自身实现了一种微妙平衡的实体。

这种道德可考量性既不意味着我们要向动物、树木、水、生态系统和生态圈赋予权利[3]，也不是说所有实体都有着相同的道德重要性，或者是我们对于其他人类的义务和对生物多样性与大自然的保护发生利益冲突，陷入左右为难境地时，所有实体在辩论中都有相同的地位。但是，这种道德可考量性足以使所有实体都成为主体，即使每一次我们会给予不同

---

① K.E.古德帕斯特，《论道德可考量性》《环境伦理学》，第76页。

② 这就是生物中心主义导致的困境。生物中心主义认为所有生物的价值平等。这种以 P.W. 泰勒为代表的环境伦理学流派与生态中心主义是不一样的，后者的侧重点在于物种，而不是个体以及个体成员与环境和生物共同体之间的关系。参照 P.W. 泰勒，《尊重自然的伦理学》《环境伦理学》，第 111-152 页。

③ K.E.古德帕斯特，《论道德可考量性》《环境伦理学》，第67页。

的含义给"主体"一词。这些主体都应该被代表，从而使它们的利益得到保护，当我们讨论决定如何使用它们时，能够考虑到它们的使用价值和内在价值。然而，为建立新的管理模式而作出的制度改革并不是脆弱性伦理学的核心内容。

脆弱性伦理学的核心内容在于人类的根本责任。通过生命的脆弱性和人得以了解到现实复杂性所特别具有的认识能力，人类的根本责任与人类和其他人及其权利应是的关系的伦理性一面连接在一起。他的"存在权"问题不应被人权的扩展和社会权利的开启带来的进步所掩盖。[①]同样，出于自私或利他的原因，我们感到我们必须调整消费模式来应对气候变暖以及现有和未来会发生的生态灾难，这种意识也不能把"存在权"问题相对化。

"存在权"问题挖掘了人的良心问题，它也许可以被置于人权的中心位置或是各项宣言的序言之中，它是脆弱性伦理学建议的哲学环境。[②]"存在权"问题不仅能使当今社会政治结构的基础发生改变，还能使我们的政治和决议机构得到改革。最重要的是，它还意味着我们珍视的自由会受到三重外

---

① E.莱维纳斯，《来到观念中的上帝》(1992)，巴黎，弗杭出版社，2002，第262页。

② E.莱维纳斯，《来到观念中的上帝》(1992)，巴黎，弗杭出版社，2002。

在性体验的影响。对于自己身体病变和生物被动性的体验与承认自我中的"为他异性"向度联系在一起。自我中的"为他异性"向度指的是我对他者的责任，这不是从契约中推导出来的，而是一种"比任何被动性都更加被动的被动性"①。我认识到他者的脆弱性后感受到的震惊使我不可能简单地回到自我，不可能再问心无愧地活着。我对自身死亡的担忧，在仅仅作为我的自由的跳板的世界里寻找真理的意愿，都让位于另一种"我的存在之于他人"的定义和另一种对我的政治契约的解读。

自己身体的病变和精神空虚感的体验与我挂念他者之间存在的关系并不仅仅会使我面临伦理二重性。我们采用莱维纳斯的理论，在《别样于存在》一书中，莱维纳斯着重强调了以下两者的连带性：我与他人相遇，感受到自我中的"为他异性"向度；我的身体发生病变，意味着我的脆弱性和生物的脆弱性。② 生命，任何一种生命都烙印着"不由自主"的印记。我对他者的责任，比任何义务都要来得早。我对他者的责任与我自己身体病变的体验是不可分开的。只有一个脆

① E.莱维纳斯，《别样于存在或超越本质》（1974），巴黎，袖珍书出版社，1996，第31页。

② E.莱维纳斯，《别样于存在或超越本质》（1974），巴黎，袖珍书出版社，1996，第86-87页；C.佩吕雄，《破碎的自主性》，第167-203页。

弱的我才能承担责任。只有一个接受他的生物被动性和承认他的意愿会受挫，他者不受他自己控制且不被他自己认识的事实的自我，才有能力陪伴展现出极端脆弱性的人，才能够证明他是另外一个人，有着自己的尊严，超越性完好无损，尽管他有许多缺陷。

这一被动性现象学要求我们去思考其他人类的身份，但不像古典伦理学那样，以能力决定身份；也不像保罗·利科那样，认为自我性意味着记忆，将自己的生活看作整体来理解的能力，信守诺言的能力。莱维纳斯给西方思想带来的主要贡献之一是：质疑了主体的自给自足原则，而这正是主体哲学和海德格尔操心存在论的视域。远未沦为对人类关系性特点的承认，这一现象学描述了逃脱意向性并凸显我与他者关系的伦理性一面的场景，它没有导致主体的消失，而是带来了另一种主体性观念，将伦理和政治建立在新的基础上。

我们把脆弱性伦理称为"为他异性"三重体验，它使我们根据两种主要向他者"敞开"的方式：为他者负责和他者的需要，构建人类与他人的关系。这种自我中的"为他异性"向度不仅限于我与他者的相遇或者病人和护理人员的关系，它最终指的是我对政治制度和公共世界的关切。公共世界不是一个简单的装饰背景，也不是我为了获得真理而必须逃出的桎梏，它是发现自我和发现我遵守的价值，我所在的政治群体反映或不尊重的价值。陪伴痴呆的病人是一种三重"为他异性"的体验，在这过程中护理人员做了一切护理范围内能做的事，并且经历了一种极端"为他异性"体验。然而，脆弱性伦理学的内涵和意义超出了医疗伦理学的领域。

莱维纳斯用他对责任的思考反驳了我对自身存在的关切。我对自身存在的关切是指对获取我本来就有的东西和真正切己状态的操心，它是对"存在的重负"作出的"向来我属"的回答。这种对他者的责任定义了主体性[①]，它甚至是一种"对他者责任的责任"，把我变为人质，"压在我的清白之上"，（因为我并不是他人所犯的错误的罪魁祸首）。主体性使我成为我，而不是任意一个我。它指明了自我性。这并不是对于责任的谵妄，"替代"概念在道德意义上也不能延伸，但是该概念与这一事实相关：莱维纳斯将"存在的重负"替换为他者的痛苦给我带来的负荷。[②]"在任何情景下放任人们无食充

[①] J.L.马里恩，《替代和关怀：莱维纳斯如何指责海德格尔的思想》，《伊曼努尔·莱维纳斯和思想疆域》，主编：B.克莱蒙和D.科恩-莱维纳斯，巴黎，法国大学出版社，丛书《厄庇墨透斯》，2007，第51-72页。词组"压在我们的清白之上"出现于第69页。

[②] J.L.马里恩，《替代和关怀：莱维纳斯如何指责海德格尔的思想》，《伊曼努尔·莱维纳斯和思想疆域》，主编：B.克莱蒙和D.科恩-莱维纳斯，巴黎，法国大学出版社，丛书《厄庇墨透斯》，2007，第66-67页。

饥都是一种过错"①。我必须为他者的召唤负责，不能逃避，无论我愿意与否。同理，"躺着的人只有权利，而我只有义务"②。乍一看这句话，我们都会感到震惊，因为病人不能拥有所有的权利，满足所有的个人要求既不公平也与医疗义务论相悖。这句话实际上指的是一种对于身份的看法，它是通过面对濒临死亡或苦难之中的他者这种体验得出来的。③

我对他者的责任是自我中"他异性"的体验，但是主体性是通过感受性向他者暴露自己："'为他人'的被动性在'为他人'行为中表达了一种意义，不被任何预先设定的意愿所影响；这种被动性来自活人形体的存在，作为苦痛的可能性，作为自身的感受性，即能感受到苦痛……作为脆弱性"④。正是因为主体性是脆弱性，主体性有着"身不由己"（时间性，老化）和"无用"（过度苦痛）的特点，同情心才可能出现。

因此这里有双重"他异性"。"他异性"是受折磨身体上的

① E.莱维纳斯，《别样于存在》，第219页。同样参照《总体与无限》（1961），巴黎，袖珍书出版社，第219页。

② 这条命令出现在1995年版医院条例前言："医院是充满人性光辉的场所，因为在这里，躺着的人要求站着的人履行义务。"

③《莱维纳斯和医疗伦理学》《莱维纳斯思想研究》，n°9,2010，第252-256页。

④ E.莱维纳斯，《别样于存在》，第86页。

他异性，是体验疾病、身心崩溃、痴呆时感受到的对自身的陌生性。自我中的"他异性"指的是我对他者的责任，他者的苦痛与我相关，他者的痛苦意味着我不能再回到自我，我的身份在我之外，在"为他人"之中。这种双重"他异性"（一种是身体状况恶化，心理不健全，奇异性，这里奇异性的意思与弗洛伊德谈到的怪怖性意思是一致的；另一种是"我对他者负有责任"的"他异性"）使与最脆弱的存在的相遇成为一种富含人文意义和哲学意义的体验，同时这种体验也十分难以忍受。这种亲近意味着，就像在陪伴过程里一样，我们同意将主动性让给最脆弱的存在，而不是想任意支配它们。这种亲近也面临着我们想要破坏它们的完整性的欲望，因为我们不接受我们自身的脆弱性与展现出极端脆弱性的存在的相遇扰乱了我们的心绪。

第三种"他异性"的体验使"身不由己"的生命的脆弱性与能够启发政治的另一种"共存"定义联系在一起。实际上，将主体性看作是脆弱性意味着另一种自身与自身和自身与他者的关系方式，而这种关系可以建立另一种共存模式。先于任何契约承诺，我不仅需要为他人负责，还需要为这个世界以及它的各种制度负责，这是莱维纳斯的建议。莱维纳斯的思想有着严苛的政治含义，这点尤为明显，我们可以回想他关于不能放任他人无食充饥、无檐可避的命令。[①] 然而，前两种"他异性"的体验和第三种"他异性"体验的联结要求我们超越《别样于存在》作者将伦理作为政治先决条件，将国家看作第三方的方式。

如同海德格尔的理论一样，古典正义理论都认为，"操心"可以让人与他者的关系适应社会生活，并且以匿名的方式向所有人传达：公共援助会满足贫苦人群的需求[②]。对于莱维纳斯，政治是客观的，而不是像阿伦特认为的那样，即政治是多元化的。此外，我们通过纳税支持的各项制度的存在使我们问心无愧，所以即使我们在城市里看到住在街上的流浪汉，我们也不会感到惭愧。莱维纳斯从这个前提中得到了与海德格尔不一样的结论。对于海德格尔来说，自我性排斥"替代"，因为在事关自由时，掌握自身的此在，没有人能够替代另一个人的位置。对于莱维纳斯，"主体性一开始就是替代[③]。"当他人裁决我是独一无二的时候，我才成为独一无二

---

① E.莱维纳斯，《整体和无限》，第263页。同样参照《伦理学和无限，与菲利普·尼莫的对话》(1982)，巴黎，袖珍书出版社，1996，第74-75页。

② J.L.马里恩，《替代和关怀：莱维纳斯如何指责海德格尔的思想》，第59页。

③ E.莱维纳斯，《别样于存在》，第228页。

的我自己。我个人负责的事物和我响应的事物使我成为我。强调对于各项制度持审慎态度的理由很重要，这些制度的存在不应该免除我们应承担的个人责任。然而，讨论脆弱性伦理，这代表着我们确认个体对政治感兴趣，并且谈论政治参与是有意义的。政治参与并不意味着个体消失在整体中，或是在一个类似于黑格尔式国家的共相中重新提及这些个体，莱维纳斯认为这种共相象征着中性和令人恐惧的无名。政治参与包含各种各样由协会和公民社会实现的工作，它涉及公民对公共生活的参与，即我们对国家层面和国际层面的决议负有责任。

我们需要以不同于主体哲学和海德格尔"操心"存在论的理解方式去理解他者的"他异性"、身体固有的"他异性"、世界的陌生性，并以此为起点，将伦理学和政治联系在一起。[①] 身体固有的"他异性"构成了我对他者的责任，并且使我关注公共世界和社会的各种制度，在这个社会中，我不是"一个我"，而是"我"。这种"他异性"的三重体验意味着一种不同于莱维纳斯所想的，对与政治群体关系的看法。然而，

---

① P.瑞可尔，《像他者的自身》，巴黎，瑟伊出版社，1990，第406页。关于脆弱性伦理学——他异性的三重体验，参照《破碎的自主性》，第205-222页。

莱维纳斯通过重新定义主体性开辟了一条道路，政治哲学框架下的脆弱性伦理的发展将会得益于此条哲学新道路。根据这条思路，公共世界和制度将不会建立在自由选择能力决定的道德主体的权利之上。

如今，人权所倚赖的权利基础依然与消极自由观和关注自我保存的主体紧密联系。霍布斯之后的政治哲学家们都试图反驳霍布斯政治理论中关于民主的争议内容，尤其是专制主义，但是他们没有质疑过霍布斯的个体概念。这种个体概念为他所定义的主体权利做了辩护："每个人都有权使用对自己有利的东西来实现自我保存。"[1]这种定义无法阻止为了一个团体或者现代人的利益而滥采滥用自然资源的行为，它还论证了，在利维坦认为群体的安全、存亡、福祉处于危机时刻时，可以使用武力牵制这种每个人的权利。最终，这种霍布斯式的将权利看作是自由工具的看法决定了我们如今对人权的解读。[2]我们的视线集中在道德主体的权利。如果我们想要扩大这些权利的话，这种聚焦是十分必要的。然而，我们不应该因此忘记人权的意义。

---

[1] 托马斯·霍布斯，《利维坦》，第14章。

[2] M. 维利，《权利和人权》，巴黎，法国大学出版社，1983；《现代法律思维的培育》（1961-1966年讲课），巴黎，法国大学出版社，2003，第615页。

在《无关主题》中，莱维纳斯提醒到人权首先是他人的权利，他着重强调他人对我的要求，即对我来说，摆在首位的是责任而不是自由。这种人权的现象学理论强调人权对于社会的要求并且促使我们舍弃契约制，至少是现有形式的契约制。契约制意味着人与人之间的相互性，它没有以积极的态度去构建与弱势人群的关系。当然，通过再分配系统和各项制度，我们能够保护并满足弱势人群的基本需求。但是，这样一种政治制度无法真正帮助护理人员、家庭、团体使弱势人群融入社会。这样一来，为了做到与弱势人群团结一致，社会需要真正认可老人、孩童、残障人的贡献。同样，我们必须在照料他们的时候考虑到他们的特殊存在方式，公共健康法应主要围绕尊重生命完好性和残疾的正面性来进行制定，而不仅仅限于所有的缺陷。

这样的照顾方式是一种真正的团结政治，它建立在对因疾病、年龄、残障因素不公地被社会边缘化的人群的认可，它意味着我们承认认知能力不能决定人性，而认知能力使人类得以在这个世界拥有一席之地，能够追求他的欲望和实践他的价值观念，并与他人的价值观念产生碰撞对立情况。它还意味着对自主的道德主体形象的否认，在这种形象下，道德主体与他者的关系如同一种自由面对另一种自由。在对于人性、人类幸福和高品质生活的看法发生如此改变之时，正义也真正被重新定义。正义的再定义中，正义对象不再限于有自主性的人。正义也不会只被定义为每个人都能获得足够的资源去实现自由选择。正义实质上包含了我们对他人的尊重，这里的他人指的是需要另一个以某种方式来帮助自己保存自尊和融入社会的人。

克服了社会所鼓吹宣扬的精英主义偏见——推崇年轻和良好的身体素质条件，这种对于人类的理解与上述人类观是密不可分的。这样的人类观能够催发新的制度的诞生并且丰富其内容。这种制度建立在自主性道德主体的自由之上，国家在首先保障每个人的自主权和平共存之外，赋予各项权利。然而，如果只从权利所有者和他被赋予的自主权角度来解读这些权利的意义的话，这些权利的意义就无法被保存下来。我们还需要从处于依赖状态的他人及权利"应如此"对每个人和社会的要求这些角度来思考权利的意义。这种看法的转变更改了社会政治生活的意义，并且使得弱势人群——他们因身体、精神状况，社会或者文化条件而无力独自捍卫自身权益——更好地融入社会。那么这是否意味着我们对他者的责任仅适用于有"脸"的他人，即便他人不说话，失去记忆或者一直处于植物人状态？

这个问题让我们不禁询问莱维纳斯对海德格尔在《存在

和时间》及《形而上学的基本概念》第42节①所阐发的现象学理论做出了怎样的贡献。在他的"操心存在论"中，海德格尔将"此在"理解为存在，而不是生命。他在构建存在分析时没有考虑进化演变。同样，对于他来说，动物与"此在"绝对不可能的可能性无关，也不能建构世界。动物在世界上是贫困的，我们与动物的关系只能是一种奇怪的陪伴关系。与胡塞尔不同，海德格尔在人类和动物间作出了区分，他将后者归在同一类别，抹去了动物感觉结构的多样性。相反，德里达考虑到了这种多样性和每种动物的独特性。他杜撰了词汇"animot"②，为了说明人类用词语命名动物并认为动物始终没有回应，不能用语言进行回应。自创世记到海德格尔、拉康，再到莱维纳斯，传统上一直认为动物是没有理性的存在，然而真的是这样吗？动物的呼吁就不存在吗？

在对待动物问题上，莱维纳斯与古典传统和海德格尔观点相近。德里达说，我们可以料想到推崇他者思想和他者超越性的这位哲学家（莱维纳斯）并不拒绝将动物归为没有"脸"

---

① 马丁·海德格尔，《形而上学的基本概念：世界，有限，孤独（1929-1930年的课程稿件）》（1983），译者：D.帕尼斯，巴黎，伽利玛出版社，1992。

② 雅克·德里达，《我所是的动物》，巴黎，加利利出版社，2006，第73页，第148页。

并且我不需要为其负责的同质阵营里①。在《整体与无限》中，莱维纳斯认为，我承认我对他者的责任取决于我承认他者的人性。而由于他者具有"脸"，所以他者有人性。这并不意味我同他者关系的伦理维度通过视觉来实现，"脸"也不等同于肉体意义上的面容，但是对于莱维纳斯来说，只有人才有"脸"。其他的生物不属于"他人"。然而，尽管《别样于存在》的作者从没有说过"我对动物负有责任就像我对他人负有责任一样"的话或者他没有像德里达②一般批评我们对动物施展的暴力和谴责我们生产、饲养、吃掉动物方式的残酷性，但莱维纳斯在1974年出版的著作中重塑了感受性，将它定义为对疼痛、愉悦、时间的敏感性，即一种描述具有生命和冲动性的肉体的现象学。③

在《别样于存在》中，我的责任指的是我对一个脆弱的他人的责任。然而，我们不能排除动物的形体状态也能是"使自身拥有敏感性的形体存在④"，即使莱维纳斯他自己没有说

---

① 雅克·德里达，《我所是的动物》，第155页。

② 雅克·德里达，《我所是的动物》，第46-48页。

③ 我们在埃德蒙德·胡塞尔的著作中找到了这一现象学《世界和我们：人类和动物的周遭环境》（1934），《胡塞尔文集XV》，附文X，海牙，M.奈霍夫，1973，第174-185页。参照《破碎的自主性》，第249-256页。

④ 伊曼努尔·莱维纳斯，《别样于存在》，第173页。

过这样的话。如果我们就这个问题询问自己并重读这些片段：我身体状况的恶化，也即生物的脆弱性使我对他者的敞开（对他人的需要和对他人的责任）成为可能，我们会发现：为了将我们对他者的责任延伸至动物上，我们需要解释如何从人的肉体过渡到动物的肉体来应用此理论。[1] 胡塞尔就遇到了这样的难题。他提出了建立在配对性上的移情作用，即移情作用建立在承认动物是活着并有冲动性的肉体，它们与我一样也是建构世界的一分子的基础上。然而，胡塞尔没有解释如何实现人对动物的移情。此外，如果说他几乎认为动物是一种物质生命，他却没有考虑过动物的"他异性"。

同样，即便我能从莱维纳斯的文章出发来说明我对任何一种生物都负有责任，我却不能说任何生物的死都如同他人的死一般与我关系密切，我也不能断言动物能在某一时刻成为对我负责的这个"我"。在一部分建立在生物的脆弱性之上的莱维纳斯被动性现象学中，我们看到了一种与卢梭的"同情"概念类似的东西，但是在莱维纳斯眼里，动物的生命和存在只是一种没有"他异性"的差异罢了[2]。动物不具备莱维

---

① 伊曼努尔·莱维纳斯，《别样于存在》，第 86 页。

② 卢梭，《论人类不平等的起源和基础》（1762），让·斯塔罗宾斯基（出版），巴黎，伽利玛出版社，1969，第 55-56 页，第 84-87 页。

纳斯所说的那种"脸",即如同耶稣降临一般,绝对他者得到了超出我能力范围以外的接待,他超越了我所看到的和我所知道的他,并予我教诲。由此产生了禁止我杀害他的命令和我的责任。我的责任外在于我,是他人的"脸"所表达的召唤。①

　　莱维纳斯认为动物不在伦理范畴之内,因为动物与人类差异太大以至于它不能作为我的兄弟并向我发布指令:"你不能杀我"。同样地,动物缺乏"一个聪明的大脑去帮它把它自己的行为和倾向变为一个命令、一种道德义务,成为人类最后的康德主义者"②,莱维纳斯在一篇文章中这样总结道。在这篇文章中,他回忆了在其被关押在集中营时,每当狗bobby看到犹太犯人劳动归来,它就会向他们摇尾巴并快乐地大叫,向他们示意他们还是人。就像《出埃及记》中狗在新生儿死亡时惊愕不已那样,动物仅仅只是他们人性的见证者,但是它不会对人负责。它也不具备第三方的地位,不会呼吁要求公正。莱维纳斯没有衡量我们对动物施加的暴力,这种暴力已经超出了支配和利用动物肉体牟利的界限,无比残忍,我们罪责难逃。

---

　　① 伊曼努尔·莱维纳斯,《整体和无限》,第43页。

　　② 伊曼努尔·莱维纳斯,《一只狗的名字或自然法》《难以实现的自由》(1963),巴黎,袖珍书出版社,1976,第216页。

然而，当《别样于存在》的作者不再将有"脸"的他人（脸意味着我承认他人超出我的影响能力之外，我只能接受他人原本的模样，作为无限的念头和痕迹）作为承认我对他人负有责任的前提条件时，莱维纳斯便允许我们对于权利的基础、人权的限度、我们与动物的关系的思考更进一步。

　　被动性现象学，被定义为对疼痛、愉悦、衰老敏感的感受性，责任成就身份的观点以及他者哲学都包含了将动物及所有生物看作应用对象的萌芽，尽管莱维纳斯本人不这么认为。然而，如果莱维纳斯没有对主体哲学的争议性内容进行质疑并最终颠覆主体哲学的话，我们就不会意识到这样的理论前途。莱维纳斯抨击道德主体将他者视为服务于自身，与自身具有契约关系的对象、自身亲友的生命的一种工具，他认为我对他者的责任是我无法选择的事情，且先于任何特定的职责、任何义务出现，就这样，莱维纳斯修改了人类自由的定义。

　　正如帕斯卡说的那样，一旦我寻思"我的向阳处，我的家是不是我从别人手中侵占的房屋，而别人受我欺压，苦苦挨饿"时，我和世界之间关系的意义以及我居住在大地上的方式就会发生变化。如果我忧心于"我的存在可能会带来暴力和杀害，尽管我无意这样做"[1]，我与生物之间的关系便会发生变化。这一没有答案的问题和这种忧虑都意味着将权利建立在道德主体之上是自私的做法。只要想想生物和它们的多样性，只要想想所有他者，我们就能看清这样的观念是人类中心主义论和种族中心主义论的体现，它建立在一种会导致种族犯罪和种族大屠杀的自尊上[2]。

我们的存在权问题是人权的另一个方面。这个问题能够保障公平正义的实现，当中那些权利是历史流传下来的表达。此外，存在权问题能够帮助构造一个让我们更加骄傲的文明模式。然而，我们还需要走得更远。因为为了脱离主体哲学的狭隘框架，我们需要构思一种"他异性"的人文主义，一种他者思维，一种他者无限地注视着我的觉悟。动物是他者的他者，与我并不相像。但我们可以问问自己可否"在思考人类、兄弟、同类的召唤时，将动物问题和动物的需求作为出发点，从这样的呼唤出发：从我们自身内部或外部发出的一种无声或有声，先于我们而又不可避免地跟随着我们的一种呼唤，它给面对呼唤想充耳不闻的人的话语里留下痕迹：

---

① 伊曼努尔·莱维纳斯，《来到观念中的上帝》，第 262 页。

② 克洛德·列维-斯特劳斯，《结构人类学Ⅱ》，巴黎，普隆出版社，1973，第 53 页。

如此多的病症、创伤和堕落的耻辱。"[1]

　　远不是将动物的需求放在人类的需求前面，重要的是把动物问题看作是对人类自身进行哲学思考的机会，以另一种方式思考正义和主体。将人类重新放置于生物演变序列之内的进化论、动物行为学、改变了人类与动物界限的灵长目动物学引发了巨大的震动，它使我们越来越难以确定人类的本性，我们再也无法采用过去几个世纪通行的定义。然而，人类与动物边界的变动以及由此产生的不确定性要求我们重新考虑"人类"概念，将它放回它应属的范畴。此外，我们还要推行另外一种人道主义，这种人道主义摈斥现今发展模式的哲学基础。环境灾害、社会不平等、暴力对待动物都是后者的体现。

　　受到《别样于存在》一书的启发，在拜访过许多医院后，我提出了脆弱性伦理学一说。脆弱性伦理学建立在"他异性"的三重体验之上，而对生物脆弱性的考虑是后者的基石。脆弱性伦理学主要要求我们重新构想人类与其他生物种类、具备感受性的动物、植物、生态系统、生态圈的关系。除了感受性以外，脆弱性伦理学还包含了这样一种观点：人类对其居住在地球上的方式负有责任，人类也对其与他者的相处方

----

① 雅克·德里达，《我所是的动物》，第156页。

式负有责任。这样一种伦理学意味着人类思想的主旋律和大氛围要发生彻底的变化。这种变化旨在纠正主体哲学中的一些观点，它们使我们无法应对现实挑战，甚至是现今生态和社会重大问题。在实践中，这种变化牵涉着方方面面的因素。

我们中的每一个人都对不同的实体负有责任，这是脆弱性伦理学的主要观点，但是它也讨论了怎样的社会才更具公平性，更符合这样的人性准则：拥有人性不在于是否拥有某些能力，是否属于某一种族，而在于是否确信一些价值。在生物共同体中，人类特殊的认识能力使其考虑到其他物种的客观世界，因而背负更大的责任。并且，即便人类难以把关注中心从自身转移到其他事物，难以抛开他自己的即时利益看待世界，人类依然能够为蓝鲸的灭亡而哭泣，能够想到"当一个事物有助于保护生物共同体的完整性、稳定性、美丽的时候，它就是正确的，当它走向反面时，就是错误的"①。在这点上，人类与鸽子是不同的。

我们怎样才能让这种新的人类概念和正义概念植根于每个人的心上呢？新的人类概念和正义概念会给社会政治组织形式带来什么变化呢？怎样的决议机构才能将这样的纲领付

---

① 奥尔多·利奥波德，《沙乡年鉴》，第282页。

诸实践，而不是迫使其仅仅成为一个虔诚的心愿，一个引起某人共鸣的哲学家宣言，但却无法改变政治代表们在国内和国际上做出的决定？这些都是《正视生态伦理》中提出的问题。

人类，动物，大自然

"人们必须去保护其他事物，而不仅仅是用于做鞋垫的机器或缝纫机；他们要留有余地，留下一片清净之地，偶尔可以去那儿逃避尘世喧嚣。只有这样，我们才能开始谈谈文明。一个纯粹追求功利的文明总会走向极端，即走到强迫劳动营那一步。我们需要留出一些空间……大象也是这场战役中的一员。人们为保护某种生命的美丽而死去。某种自然的美丽……"

罗曼恩·加里
《天空的根》

1

生态学和哲学

"一种大地伦理学反映着一种生态学意识的存在，而后者又反映了一种对土地健康负有个人责任的确认。健康是土地实现自我更新的能力。

　　生态学是我们为了理解和保护这种能力而做出的努力。我们怎样使用土地，我们就是怎样的人。

　　　　　　　　　　　　奥尔多·利奥波德《沙乡年鉴》

大地伦理学

为什么需要深生态学？

"在传统伦理学中，那位开发了陡坡 75% 的土地，将奶牛赶进其中放牧，并使得雨水、石块以及土壤流入市镇小河的农场主，依然是一位受尊敬的公民。"① 如今，环境保护法能够惩处这种同样对他人造成损害的行为。然而，认为我们可以对土地犯下错误的想法要求我们逾越黄金规则：己所不欲勿施于人。通用于所有古典伦理学的这条规则，不仅仅适用于个人之间的关系。它限制了个人之间的自私主义，但是我们和土地之间并不存在伦理关系。土地被视为一种财产，而它的价值主要是经济价值。这意味着解决环境问题的措施往往披着法律规章制度的外衣，这样或那样的行为所造成的损

---

① 奥尔多·利奥波德，《沙乡年鉴》，巴黎，弗拉马里翁出版社，2000，第 265 页。

害则通过税来偿还。这些税用于赔偿市镇的损失或投资轻污染技术的研发。

改革是必要的。事到如今，继续执着于古典伦理学和环境伦理学之间的交锋不再有意义，前者以人类为中心，而后者的试金石是是否谴责人类沙文主义[①]。远不是沦为人类中心主义和生态中心主义的对立，奥尔多·利奥波德的大地伦理学带来的贡献在于：除了土地开发带来的经济利益外，我们还要重视土地的价值。大地伦理学还定义了人类与土地的关系，即我们在生物共同体中的地位。这种关系指导经济发展方向，意味着我们需要改革政治机构，存在论范畴也需要发生改变。总之，人与土地的关系要求我们构筑另一种土地概念和人类形象。

因此，人类群体不是唯一需要考虑的对象。然而，当利奥波德创造生物共同体的概念时，这不简单意味着我们除了对他人和其他政治群体负有责任以外，还对土地和土地的居民负有责任。这种伦理关系的扩展是在人类历史中，赋予人类的义务不断延伸的结果。但它并不是大地伦理学的主要训导[②]。大地伦理学有教育意义的一面，它解释了集体意识的演

---

① R.鲁特利，《我们是否需要一种新的伦理学？》(1973)，《环境伦理学》，2008，巴黎，弗杭出版社，第39页。

② 奥尔多·利奥波德，《沙乡年鉴》，第255-257页。

变，现在集体意识可能会变为生态学意识，如此一来，伦理学与生态学便融合在一起。此外，大地伦理学的新颖之处在于从土地的意义出发——除了我们从土地得到的资源以外，土地究竟是什么？

这里并不是将大地伦理学与美国传统荒野观联系在一起，后者认为大自然始终具有一种价值，即便人类没有去耕耘或者照看它。大地伦理学则强调大自然在历史中扮演的角色。许多历史事件都是人类和土地之间互相作用的结果，是土地被占领后所做出的反应，而不仅仅是个人或群体之间激烈碰撞，为争夺资源，例如水和原材料，而起纷争的产物。如果被第一批移民占据的密西西比河流域没有繁盛的植被，如果"经过开荒者的牛、犁、篝火和斧子改造的野藤地"没有出产早熟禾或兰草，人们不会留在这里定居。"还会有大量移民拥向俄亥俄、印第安纳、伊利诺斯和密苏里吗？还会发生路易斯安纳的收购吗？还会有纵横大陆的新州联盟吗？还会发生南北战争吗？"在肯塔基，同样"勇敢、聪明"的拓荒者的同样行为却没有得到同样的效果。那里的植物没能抵抗住密集开发的冲击。由于放牧，这个地区一度野草灌木横生，最后得以保持不稳定的平衡，加剧了土地侵蚀①。

① 奥尔多·利奥波德，《沙乡年鉴》，第 260-261 页。

植物的演替和人类与自然的关系决定了历史进程[1]。这是对现象和事件进行评价的一次进步，它意味着我们把生活在土地上的不同生物和实体都纳入一个共同体中。正是如此，这种观念与词语"écologie（生态学）"的词源"éco"联系在一起，"éco"是"écologie（生态学）"和"économie（经济）"的词源，前者是生态环境的科学，后者是家庭的经营管理。因此，经济从这里获得了更加全面和准确的定义，相对于延续到今日我们对"国民生产总值"的定义：计算经济增长的一系列标准没有考虑到某些生产模式和消费模式带来的后果，尽管它们可以增加国民生产总值，但却对自然环境和社会环境造成破坏[2]。

在分析现阶段，我们需要研究我们和自然之间的关系模式，阐明这些模式背后的态度、价值、评价。然而，我们居住在土地上的方式建立在一种备受争议的人类观上，尽管我们不应该将这种人类观丑化。有三种人类与自然关系的立场盛行于西方思想中：人类作为专制者，掌控所有规则；人类作为总管，负责看管交付给他的东西；人类作为合作者，致

---

[1] 奥尔多·利奥波德，《沙乡年鉴》，第262页。我们同样也想到了费尔南·布罗代尔，他也强调了历史的这一面。

[2] 阿恩·纳斯，《生态学，共同体和生活方式》（1989），丛书《以外》，2008，第176-177页。

力于使自然变得更加完美，并挖掘自然的潜力[1]。

第一种立场对应于密集生产和畜养，尤其是我们自 20 世纪后半叶起经历的快速开发模式。随之而来的还有一种信念，这种信念在今日看来是虚幻的：人类可以更快地生产出更多东西，但是土地资源不会因此枯竭。这种信念意味着我们忘记了农民首先是与生态系统打交道。而在 20 世纪 60 年代，许多欧洲人，就像法国人一样，经历过战争蹂躏并希望为世界供给食物的其他国家的人民，都抱持这样的信念。

有些人常常指责笛卡儿领头带着一批哲学家，导致了不可避免的环境恶化，并捍卫了不尊重生物的行为。无数生态学家都这样批评过笛卡儿。但是在阅读过这位法国哲学家的文章后，我们会发现：对于笛卡儿来说，我们需要了解和利用自然以保障人类的幸福和健康[2]，但是他并不认为自然规律的秩序可以被人为打乱，他称自然规律为次要原因[3]。因此，这些责难非议都是站不住脚的。一般来说，认为环境灾难起源于启蒙运动初期的这种观点是对西方历史的幼稚解读。它

---

① R.鲁特利，《我们是否需要一种新的伦理学？》，第 35 页。我们借用了鲁特利划分的面对自然的三种人类立场，但是我们并不赞成从单一角度看待西方传统（他的文章显露出这种趋势）。

② 勒内·笛卡儿，《方法论》(1637)，第 6 部分，AT，VI，61-62，《哲学著作》(1618-1637)，第一卷，巴黎，加尼尔出版社，1976。

③ 勒内·笛卡儿，《哲学原理》(1644)，II，36-37，《哲学著作》(1643-1650)，第三卷，巴黎，加尼尔出版社，1983。

在思想史和实际历史之间建立了因果关系。然而这种因果关系并不明显，因为历史事件既不是思想演变也不是一个构想的实施。此外，这种思维方式意味着我们无视了"现代化浪潮①"中每一次浪潮和20世纪，甚至是近50年来特有的"加速模式"之间存在的割裂。

第二种将人类视作总管的立场是基督教的立场，而第三种立场似乎忠于18世纪的精神。并不像林恩·怀特在其于1967年发表的著名文章《我们的生态危机的历史根源》②中说的那样，基督教传统并不鼓励人类统治大自然和其他生物，随心所欲利用它们。由于基督教没有强制规定人类是大自然的主人，所以我们很难将现代技术的过度滥用与这种宗教根源建立逻辑关系。此外，如果我们细读《创世记》，我们会发现我们并不是衡量万物的标尺。"神创造出野兽和牲畜，各从其类。神看着是好的。"（《创世记》第一章，24-25）人类的意识不是任何价值的根源，这段话证明了此观点："上帝是价

---

① 这个词组来自克洛德·列维-斯特劳斯，他试图从马基雅维利出发来重构现代性逻辑，但是他的想法遭到了曲解，正如我们在阅读他的文章时看到的那样，首先就是《现代性的三次浪潮》，吉尔丁（出版），《政治哲学：克洛德·列维-斯特劳斯的6篇短文》，印第安纳波利斯-纽约，飞马-鲍勃美林出版社，1975。

② 林恩·怀特，《我们的生态危机的历史根源》《科学》杂志，1967年3月10日，155卷，n°3767，第1203-1207页。被翻译到《生态危机，价值的危机？》D.布尔，P.罗奇，日内瓦，2010，第13-24页。

值判断的参照点，它是客观而独立"[1]于人类意识的。人类是按照上帝的模样创造出来的，这使得人类身怀一些特权和一些责任："只要我们仁慈地管理大自然，不对它的根本储备下手，我们就能够对我们管辖之下的大自然享有用益权。"[2]我们是上帝的园丁，需要向他回报恩情。

此外，克里考特还指出，第二份对创世的描述甚至允许我们对《创世记》做出一个更加彻底的生态学解读。[3]第一份对创世的描述始于公元前 5 世纪，它叙述了宇宙的演变，使人想起古希腊宇宙起源说：大自然从对立面的分离和最初的差异中出现；相对于其他实体，人类作为最后一个被创造出来的物种，拥有特别的地位。然而，按照 9 世纪与 10 世纪之间出现的"雅威典"版本，上帝用尘土创造了人类和其他东西，这强调了人类和其他东西之间存在一种默契，也让克里考特认为第二份对创世的描述并不对应人类的"总管"形象，而是"生态公民"的模式。善恶树并不是让人类发现性征的存在，而是让人类在意识到自身存在之后，将自己看作"拥有内在

---

① 克里考特，《创世记：圣经和生态学》（1991），马赛，2009，第 21 页。

② 克里考特，《创世记：圣经和生态学》（1991），马赛，2009，第 23 页。

③ 克里考特，《创世记：圣经和生态学》（1991），马赛，2009。尤其参照第 27-35 页，克里考特参考了约翰·缪尔，《徒步一英里到海湾：1867-1869》（1916），巴黎，约瑟·科尔蒂出版社，2006。

价值的中心，并且以此为标准衡量其他生物和造物①"。人类的堕落和厄运接踵而来，全因"人类中心主义暗含着这种人类对大自然不可避免的疏远②"。

这一大胆的解读使得《创世记》成为类似于深生态学伦理的环境伦理学的灵感源泉，无论我们对该解读有怎样的评价，很明显的是，我们不能指责基督教传统支持了人类肆无忌惮开采资源和利用生物的行为。像克里考特认为的那样，关于人类中心主义的根源是否要追溯到前苏格拉底时期的人类概念这一问题，却并不足以解释自认为是万物中心的人类能够鼓励推动这种反常的发展模式：它从生态环境角度上考虑，是不可持续的，并且对地球上的生灵缺乏尊重。因此，认为自笛卡儿和思想启蒙运动开始，人类对自身和自然的认识导致了如今不可避免的生态和精神灾难的说法是不正确的。人类通过生产和消费毫无章法的全球化市场上出售的商品，挥霍自然资源，这种专制者立场并不是《圣经》传统沿袭的结果（即使我们认为《圣经》将人类刻画成"总管"形象），也不是思想启蒙运动合理的延续。前两种立场曾经与第三种立场截然不同。然而，"总管"的立场和"改良"的立场都无法长期避免现有的发展模式对大自然造成破坏，尽管这两种

---

① 克里考特，《创世记》，第 61 页。

② 克里考特，《创世记》，第 62 页。

立场更加尊重大自然。环境伦理学和人类中心主义伦理学的决裂就表现在这一方面。

实际上，提高大自然出产能力的理想导致我们为了满足日益增长的资源和能源需求而消耗殆尽资源。这种需求不仅和世界人口的增长有关，还与每个人，甚至说是一小部分人群的日益严苛的要求有关。这一部分人渴望得到更多消遣娱乐，不太愿意节制自己对于一些大量消耗能源的服务和一些产品的欲望。而在不到一个世纪以前，人类都是适度消费这些产品，例如肉类，我们知道生产肉类食品所带来的环境代价[①]。同样地，即便"总管"的立场有着宗教背景（宗教背景指明了人类作为大自然守护者的任务），或者是与第二份创世的描写紧密相连（上帝让人类见到动物，使人类能为动物命名。而上帝却不知道人类想要对动物做什么就将动物交付给人类，此后他将会评价人类的能力和人类统治托管物的方式），它都不足以建立一种对于大自然的政策。

人类在上帝的眼皮底下行使着对大自然的管理权，这可以解释个人和传统社会对土地的敬仰态度：人们好好耕耘土地，使其保持高产，同时土地健康得到保障，并且其他人不会挨饿，或者像洛克说的那样，人类对土地的占有并不破坏

---

① 相较于生产一公斤谷物，生产一公斤牛肉需要消耗10倍以上的水。

物种保护的自然法则。然而，在工业化社会和全球化世界，物品四处流通并被兑换为金钱或者服务，兑换的标准不再与自给自足社会下物品的价值挂钩，一件物品的价值尤其取决于它的使用价值以及制造它所需要的制造费用和技术费用。因此，"总管"立场下对大自然的适度利用让位给了人类对效用和利益的追逐。此外，敬畏之情因人类感觉活在上帝眼皮底下而产生，并在一定限度下压抑着人类的欲望，但它在西方几乎已经消失了。除了在一些佛教盛行的地方以外，对同类的尊重和羞耻心是宗教与世俗最后的交汇点。如果我们不提一些基督教徒信奉的戒律，我们可以说人类对土地的使用和人类与自然的关系都几乎不再受宗教精神影响。

换一种说法，当生态学不去挑战改变我们的发展模式的前提时，生态学就始终是肤浅和失败的。这些前提与我们将人类看作位于大自然中心或者外在于大自然的存在的观念有关，根据这种观念，人类有权利对大自然予取予求。这里便是大地伦理学和其他的人类与自然关系表现形式的分水岭。大地伦理学反映了真实的环保意识的存在，而后者永远都不能阻止生态圈的恶化，无论关于环境保护的宣言说得多么好听，环境主题的峰会举办得多么好[1]。这一意见强调了深生态

① 奥尔多·利奥波德，《沙乡年鉴》，第278页。

学的激进彻底性，即它对问题求根溯源，从原因而不是从结果出发考虑问题。然而，与利奥波德的某些思想继承者想法相反，这并不意味：将改变传统伦理学根基的环境伦理学但未必一定要谴责政治自由主义或者人权哲学[①]。

大地伦理学将在宇宙中离群索居的人类形象替换为另一种形象：当人类在开垦土地、使用化学制品，或者规划空间、建造大坝等时，都要扪心自问他的行动是不是恰当的。当我们阅读利奥波德和被称为生态中心主义生态学家的人的作品时，我们总是轻易认为人类必须了解掌握一切才能对大自然采取行动。这样的解读不仅是幼稚的，它还让人相信人类与大自然和其他实体是相通的。而实际上，我们与其他生物是如此不同以至于我们很难知道什么才是对它们有利的。但是，对居住在同一座森林的不同生物之间的互动的认识和对生态系统脆弱性平衡的承认都是必要的，如果我们希望以聪明的方式与大自然打交道，即保障大自然的健康状态而不是损害它并且使大自然保持美丽。大自然的美景是构成我们的生活和幸福的部分之一，对于"效用"的专注导致人类忽视了这一点。这种知识难以获取并且应用于局部范围，它远不能帮助我们理解一切，对大自然得出一致的判断。因为每种系统

---

① 例如，就像鲁特利一样。

和组织都有着其自身的标准并与其他标准相互产生反应。另外，这些互动常常使我们的理性预测落空，打乱我们安排世界秩序的步调。上述这些，都应让位给实地考察者，给那些专注于研究生物进化和对抗生态系统紊乱的生态学家。

对传统人类模式（层级统治）的质疑并不等于认同关于地球母亲的神话或是将地球看作为生物。[①] 然而，承认大自然的内在价值和承认人类与土地存在伦理性关系比这种看法更深刻：我们对各种生态系统和非人类实体负有间接义务。大自然的破坏不仅仅对人类来说是耻辱的，它也不仅仅对人类后代和已经承受我们产生的污染带来的恶果的人来说是不公平的，它在道德上是应被谴责的，它本身就是不正确的。如果人类不再是唯一一个被重视的对象，不再是唯一一个使用资源和居住在大地上的存在，人类就不能破坏其他物种的生存条件，耗尽大地资源而不受惩罚，逍遥法外。人类在世上还有账需要还清。生态学的难题在于审判人类的法庭都是由一些无声的法官组成，而使人类产生对环境的责任感最明显也最有效的方法是让他想到他的子孙后代。然而，即使是那些没有后代的人类也必须能够想到他们对土地的义务。因此，我们需要一种大地伦理学，它通过记录我们的行为带来的长

---

① 詹姆斯·洛夫洛克，《地球是一个生命有机体：盖亚假说》（1979），巴黎，弗拉马里翁出版社，1999。

期性后果和分析此行为产生的原因，来谴责环境恶化的事实。大地伦理学抨击了这样一种世界观：人类被视作衡量所有事物的标杆，个人给自己赋予了特权，可以任意使用不属于人类类别或与人类无关的东西。

将生态问题放到本体论和文化层面上进行思考，这样的出发点是纳斯提出的深生态学的特殊之处。尽管由于一些利奥波德和纳斯的思想继承者故步自封，始终纠结于对现今伦理根基的批评质疑和被指责是一切丑恶来源的人文主义之间的对立，导致深生态学引起一些争议，深生态学依然是很宝贵的思想方法：它揭示了大部分西方哲学家所缺乏的东西，使我们能够构思出一种符合道德正义的人与大自然的关系。不仅其他责任对象开始得到重视，比如汉斯·约纳斯提到的大自然和人类后代，另一种责任感也产生了。

大自然是脆弱的：我们的某些行为使其无力应对，例如土地侵蚀，这意味着土地无法再做到自我修复和自我更新。面对因人类行为而变得荒芜的景象，我们对土地抱持的感情不是同情，而是悔恨和羞耻。我们会感觉做错了事，之前只看到了眼前利益便摧毁了一片土地，而这片土地并不是一个人或者一群人赖以生存和获取利益的所有物，它是属于所有人类的财富，人类仅仅是注视着它就能得到快乐。另外，当人类行为影响到生态系统、空气、水或者改变气候这一公共财产时，他的行为就会受到限制①。这些限制意味着个人道德行为体不是一切事物的评价标尺，随之而来的认为自己在利用大自然的过程中犯了错误的感觉为短语"尊重大自然"赋予了意义。

比起将大自然神圣化或是局限于惋惜追逐利益的后果，我们选择反思当今发展模式背后的人类形象和人与大自然

---

① 斯特尔凡·肖维耶，《全球范围内的正义和权利》，巴黎，弗杭出版社，2006，第147-179页。公共财产是一种任何人都有权利去享有而任何人都无权滥用的财产。为了避免加勒特·哈丁所说的"共有物的悲剧"，即只要人们能够自由地使用一种资源，这种资源就一定会被过度开发，作者指出，在格劳秀斯和普芬多夫看来，土地是一种无主物，在过去，人们认为土地辽阔，不需要定量配给，但现在，土地必须被看成是一种公共财产。这些不具排他性的自然财产（大气、天然水池、大海的不可再生资源）必须实现定量配给，因为它们的可获得性以及稀缺性可能会导致它们的潜在使用者、现有和未来使用者无法使用它们。因此，我们需要筹备这些财产的储存，把它们置于共同财产制度管辖下，而不是公有财产制度。斯特尔凡·肖维耶同样指出，要消除从地下开采出来的自然资源的稀缺性带来的经济效应，同时要阻止国家和公司从中牟利，仅让他们回收开采费用。对这种共有财产的管理不需要取缔市场也不需要废除私有制，但需要让它的运作方式向产品服务市场看齐。为做到这一点，需要建立一个全球性的资源管理机构，它并不是自然资源全球性秩序制定者，它的职能是有限的，它要负责收集已探明的资源库存储备信息。它同样要用各个国家缴纳的税款来建立一个替代性资源基金，为可再生能源和替代性资源领域的基础研究或应用研究提供资金支持。斯特尔凡·肖维耶也提到了污染排放指标机制，尽管这些指标的分配标准还有待商榷。同样地，这一机制的应用还取决于国家意愿、代表人和被代表人的意愿。人们必须劝服被代表人相信减少消费可以防治环境恶化。换言之，这些体现了大地处理方式变化的法律解决方法依然把大地看作一种纯粹的资源。这一评语指出，深生态学家对于任何不重视本体论和文化层面与政治层面相互关系的环境危机解决方式的批评是正确的。

的关系。利奥波德的大地伦理学虽不能得出一些结论，帮助我们思考我们的存在与大自然之间的关系，但是它促进我们了解我们不能做的事。经验、观察、经常与大自然接触后产生的情感、对一个生态系统的了解，这些对于生态学家来说都是权宜之计，真正需要的是另一种本体论。但是生态学家们并没有具体提出这种本体论，他们只是否定现有的本体论或是让每个人培养自己的世界观。然而，纳斯和利奥波德的文章都要求改变视角，加入新出现的迫切需要，去考虑伦理和政治范畴。生态学进入到哲学领域之后便改变了后者。

就这样，罗尔斯顿的价值论将受利奥波德启发的生态学中的基本概念——内在价值——主题化，描述了我们对不同实体的不同责任，而不陷入两难境地：一种是将人权方面的论说应用到树木和动物上，另一种是抹杀人类的特殊性。既然我们要思考如何使尊重大自然的伦理（它不仅仅是一种单

018 纯的环境保护，但也不因此鼓吹暴力行径或者仁慈暴政^①) 变为可能，我们就不应纠结于生态学和人文主义之间的二元对立或是批评深生态学是一种新式法西斯主义^②。

得益于对话伦理学和一揽子关于民主的政治思考，大地伦理学进入政治哲学领域成为可能。如同纳斯一样，我们自问如何才能为属于日常伦理类别的东西，消费选择和每个人的生活方式制定标准和准则。问题在于知道哪种审议机构可以在一个多元化社会中实现这样的方案。那些我们承认有其自身价值的实体需要被代表吗？怎么做呢？即使这些实体都有了自己的代表，我们还是逃不脱人文主义的影响，毕竟代表不同实体的总还是人类。

---

① 通过克服政治解决方法的一些困难，汉斯·约纳斯在他的书中提到过——《责任原理》（1979），译者：J. 格瑞斯，巴黎，瑟夫出版社，1990。约纳斯试图建立一种新的伦理学，能够应付我们的技术的广度和力量引发的前所未有的局面，约纳斯书中所提到的有争议的解决方法是仁慈暴政和恐惧启示法。在第一种反民主的解决方式以外，第二种解决方法的问题在于知道恐惧是不是指引方向的好方法，无论是在思想上还是在行动上。然而，我们要提醒一下，对于约纳斯来说，恐惧不是不正常的，它不应该和恐慌混淆在一起。恐惧是一种方法，它能够预料糟糕的情况，从而帮助我们决定是否应用那些威胁到人类生存和肉体、精神完整性的技术。最后一点，正因为人们害怕丧失某些东西（这些东西在面临威胁时，往往显得格外可贵），人们才明白不应该做什么或应该避免做什么。最大的弊病往往更容易被发现，而最大的好处则不易被人察觉。

② 有人批评深生态学是反人类的。参照吕克·费利《新生态学秩序》，巴黎，格拉塞出版社，1992，第121-131页。

此外，如果生物的价值不由其用处和人类决定，人类不是价值的唯一源泉，如果人类只是发现价值而不是创造价值，我们还是要加上一句：这样的认可和它所带来的结果很大程度上决定了大自然的健康状况①。因此，挑战并不在于跳出人文主义思维，而在于推广一种考虑把生态学纳入哲学范畴的人文主义。只有通过彻底批评我们的思维习惯，我们才能找回思想启蒙时期推崇的文明理想，而我们居住在大地上的方式和规划公共空间的方式中已经很少见到这种文明理想的踪迹了。

深生态学确实是彻底的，它追根溯源，但是它并不是激进或独断的。我们可以从纳斯提出的生态智慧看出这点，他在其中谈到了优先要务的地位和生态标准的演变。深生态学也同样不等于个人权利的中止，尤其是自由发表观点和评论这项权利。如果说深生态学要求改变当今社会伦理和政治的一些根基，它的目标却是用民主方式解决问题，这些问题要求在不同目的之间做出抉择，排列出先后顺序，甚至是抛弃某些思维习惯和消费习惯。对某些思想观念的摒弃，尤其是自由个人主义，并不意味着否决自由制度。如果说前者的否

---

① 与严格而又弱势的人类中心说的说法不同。参照B.G.诺顿的务实主义，《环境伦理与弱势人类中心主义》(1984)，《环境伦理学》，第249-283页。还有克里考特的观点，在他看来，大自然的内在价值需要人类有能力去承认它。克里考特，《大自然的内在价值》，第191-192页，第218-219页。

绝不是维持后者的条件，至少它能够丰富后者的内容。

纳斯对浅层生态学做出的批评依然是有价值的。因为浅层生态学忽视了生态学的本体论层面，它无法将环境问题涉及的各个领域联系在一起，尤其是经济、法律、探讨人类意图和人类幸福定义的规范伦理学、政治思考这些领域。政治思考提出的问题是怎样才能具体实施一种以环境保护为首位，要求改变人类生活方式的政策；哪些手段和工具能够保证公共协商并让公民参与到与环境有关的决策过程中。对纳斯来说，这一大胆的规划是生态学和哲学的交汇点，他称其为受到利奥波德大地伦理学启发的生态哲学。这同样也是纳斯提出的生态智慧中的关键环节，我们从中可以看到纳斯为使生态学进入哲学领域所做出的努力和其方法的局限。

生态标准和要务：生态学八点纲领

"生态哲学是一种哲学性的世界观，是受生态圈生活条件启发的一种体系。它必须能够在哲学层面上打好基础，支持深生态学纲领的基本准则。"[1]在纳斯看来，人类在世界中的地位以及人类幸福的定义和条件这些概念都需要根据优先价值被重新衡量，优先价值的确定则取决于背景环境和假定的世

----

① 阿恩·纳斯，《生态学，共同体和生活方式》，第72页。

界现状 [1]。这一集体工作集结了不同专业领域的科学家、哲学家、社会科学和政治科学的代表人物。公共政策遵照的规范性准则就是一种优先价值体系，即协调好的一整套价值取向，这些价值的选择或具备或不具备科研成果依据。因此，我们需要注意到这个体系存在不确定性，人类的知识和预测工具都是不完备且带有局限性的。纳斯提出的"生态智慧"是一个既有约束性又有开放性的体系，我们可以修改它并因地制宜地应用它。"生态智慧"的主要贡献在于它强调环境保护团队的成员之间每一次都要进行合作交流并且制定了关于哲学性世界观的概念。此外，"生态智慧"的贡献还来自它的研究方式，即优先顺序是反思探讨的核心内容。

如果不对人类的期望目的进行反思，不提纳斯所说的"自我实现"，我们就无法重新定义伦理和政治。纳斯在他的生态哲学中坚持提到一些准则，要求每个人都自问自己的生活方式是否与真实的自我实现达到一致。个人要估量他的消费模式和生产模式引发的后果，重新评判他与自然的关系，审视、纠正思维习惯和生活习惯。这些习惯往往被过去的理论框架所影响，对自身和生物共同体都造成不好的后果。通过重新衡量自身与大自然的关系建立人类与自我的关系并不一定是

① 阿恩·纳斯，《生态学，共同体和生活方式》，第58页。

一种道德至善论，这里至善论的意思是指一些行为被看作是完成自我实现的必要步骤。

纳斯的文章中的一些主张确实是受到了斯宾诺莎和快乐哲学的启发。在快乐哲学中，足够是满足感的基本因素，足够不仅仅指数量的充裕，它还意味着意义的充实。生态学意味着反思自我，它拒绝采用简单程序化的方法去解决环境问题，它就个人和群体的期望意图提出疑问。这不仅仅表示我们应该追究源头的责任而不是批评现代技术的作用，对于纳斯来说，这还指出了解决环境问题的方法不是只有一个。每个人都应该独立思考环境问题和如何改变生活方式的问题。生态学无处不在，它存在于日常伦理学之中，存在于我们对自身、在自身周边、在家里所做的事情之中。

这种个人判断也许会对集体决定和一个社会的优先价值产生质疑。远不是主张一个普世性模式，纳斯劝说当事人进行对立性辩论，使他们直面自己的责任。这样会促进人们审视民主参与的条件和反思情感与理性在伦理思辨中的角色，但它并不排除个人和集体会得出一些有效的共同意见。这些共同认知点包括一些说明生态要务的准则和在大地伦理学框架中被承认具有普遍性的标准。如果我们想要规划好国内和国际层面的社会和政治，既做到向生态纲领标准靠拢又使其适应当地的文化经济条件，就必须遵守以上准则，尊重生命形式和文化的多样性，尊重人类和大自然。

我们应该介绍和评价一下纳斯和乔治·塞逊斯提出的"八大基本原则",从而来衡量它的有效性和研究它的应用条件①。"八大基本原则"不是环境宪章更不是环境法,但是其中的准则包含了深生态学的核心概念。尽管"八大基本原则"的拥护者的意识形态存在差异,他们有着不同的宗教信仰,对"福利国家"的作用有着不同的看法,但是他们还是能在某些标准上达成一致。这些标准包含了一种世界观,而这种世界观来自大地伦理学。因此,实行这些标准的背景环境的多样性、文化和价值的多样性、国家之间的贫富差距和权力不对等都不能阻碍人们支持"八大基本原则"。

第一点是承认生态学的基本要素——内在价值的概念。"人类与非人类在地球上的生存与繁荣具有自身内在的、固有的价值。非人类的价值并不取决于它们对于满足人类期望的有用性"。值得我们注意的并不是内在价值和使用价值的对立,而是"生存和繁荣"这个词语的重要性。"生存和繁荣"让我们想到生命形式和生物结构的多样性,它可以是人体和非人体的多样性,生态系统的多样性(生态系统并不是机体,但是它是一种结构),文化的多样性,生物圈的多样性等。

① 这八点基本原则包含了1973年发表的关于深生态学文章中列出的几点内容。1984年,在一次加利福尼亚州死亡谷的野营活动中,纳斯和塞逊斯共同总结了这八大基本原则,并重新发表在《生态学,共同体和生活方式》上,第61页。

我们不能用一成不变和同样的眼光看待大自然、人类、动物、植物、地球和社会，尊重它们意味着我们必须考虑它们独特的存在方式、生存必要条件和"繁荣"之于它们的意义。其他生物的繁荣可能会建立在摧毁人类的基础上。对大自然的尊重并不是一种神化生命却避而不谈生物的捕食行为或者食物链（"食物链凸显了生命形式的脆弱性，一些在遥远地方发生的事件会对生物产生影响"[①]）的道德规范。相反，这条基本准则反思了在理论和实践层面上，什么才是研究地球和地球居民的合适方式。如果我们不知道进化论的话，我们就无从理解该基本准则。

从人类的角度去思考一个生态系统的繁荣是一个错误，它说明了人类并不了解维持生态系统稳定的脆弱平衡机制。人类曾经希望引进一种动物以便发展毛皮生意，在普瓦图沼泽引进海狸鼠就是一例。这一原产于南美洲的物种于 19 世纪被引入欧洲。在南美洲，由于钝吻鳄的存在，海狸鼠的数量始终是稳定的。但是，海狸鼠在普瓦图沼泽里却成了一个大麻烦：海狸鼠四处挖洞，破坏了河岸和堤坝。并且，由于遍布海狸鼠的地洞，土地被挖空且不断向后缩，这扰乱了沼泽地的功能。人类的双重轻视导致了海狸鼠的引进：一方面，

---

① 阿恩·纳斯，《肤浅的生态学运动和深层的、长远的生态学运动》，第 56 页。

人类只想着眼前利益并任其驱使；另一方面，人类忽视了海狸鼠的存在和保障沼泽地平衡的条件之间的兼容性，在这片沼泽上，海狸鼠没有天敌，除了人类。

内在价值的概念不仅仅是用于批评人类中心主义，它还鼓励我们用另一种方式理解看待大自然：我们用一种全面的视角，考虑生命形式和其结构条件的多样性。在这种情况下，当我们提及"人类幸福"（人类和文化发展大繁荣）时，我们会根据这种对于生命形式的理解方式来定义各项能力（用于评价效率、正义性和各个领域需要的技能）。这事关用考虑到他异性因素的思维方式来替换一种适用于所有存在物和所有制度的同质思考模式。这种他异性可以是很极端的，当我们思考一个非机体、结构与人类大相径庭的实体的生存与繁荣时，就会遇到这种情况。另外，生态学见证了我们为思考不同地球物种和平和谐共存所做出的努力。这个评价说明了生态学的发展主要依靠长期研究，而不是短期研究。明白这一切后，我们才能知道尊重不同生命形式是什么意思。

第二条基本原则使我们明白为什么尊重生物多样性需要内在价值的概念，鉴于大部分物种对人类都没有用处，也不一定都和亚洲虎一样吸引人类[①]。保护生物多样性要求超越功

---

① 霍尔姆斯·罗尔斯顿，《对濒危物种的义务》，《生物科学》杂志，35 卷，n°11，1985，第 718-726 页。

利主义思想，将多样性看作是一笔具有内在目的性的财富。无论偶然性因素是否在其中起到作用，生物进化是另一种让我们与物种建立关系的方式，将我们重新放进历史之中。然而，这第二条基本准则并不止步于将多样性视作财富："生命形式的多样性和丰富性有助于促进地球上人类生命和非人类生命的繁荣发展。"[1]

生物多样性的破坏不利于人类的生存，因为人类从生物多样性中获取了无数食物资源、药物资源、经济资源、旅游资源和生态资源。纳斯想得更远，他说：生物多样性的宝贵性还在于每种物种都是一笔无价的宝物。然而，我们很难去解释为什么人类造成的物种灭亡比生物进化造成的物种灭亡更为严重。纳斯没有将这个难题放在眼里。人类的生活方式确实导致了数量可观的物种的消失。过度利用资源（这里并不是指传统社会中人类的捕鱼和采伐森林行为，比如亚马孙印第安人）导致的物种灭绝的速度足以将人类干预与生物进化区分开来并指出一部分人类对现在的生态灾难难辞其咎。

最后，伴随着物种灭绝这一现象发生的还有一些文化的消失和生活方式的同质化。世界越来越贫乏，这个贫乏体现在经济、生态、生物、文化方面。大象的消失使非洲失去了

---

[1] 阿恩·纳斯，《生态学，共同体和生活方式》，第 61 页。

一种无可取代、难以量化甚至是难以表达的东西，如果我们不直说这个东西就是非洲的"灵魂"。有人认为我们的世界在某些方面还是保持着原状，这个世界还存在着自由的部分，免于被人类利用的部分，这得益于对用尽所有资源和所有土地的抵抗。尽管这种观点也很深邃，但是另一个问题又出现了。大象这种笨拙的庞大动物，需要广阔的空间和如此多的自由，我们的世界会长久地向大象提供一席之地吗？莫雷尔看着远处的大象提出了这个问题，"他露出如释重负的微笑，就好像大象是一种重要的存在，看到大象便能使他安心。""大象美妙的叫声使我们感到我们与根之间的联系并没有被完全切断，我们并没有被欺骗割下身体的一部分，我们还没有屈服。"[1]

第三条基本原则是一条包含着例外情况的禁令："人类没有权利削减这种生命的丰富性和多样性，除非是为了满足生死攸关的需要。"受利奥波德启发形成的生态学学说从一开始就与一些捍卫素食主义的动物伦理学流派不相同，前者强调保护物种和多样性。即使纳斯主张生物中心主义的平等，即每一种生命形式都有生存和繁荣的平等权利，这条并未出现在"八点纲领"中的准则和"权利"用语并不等于给不同的

---

① 罗曼恩·加里，《天空的根》，第150页。

生命形式赋予法律地位①。与克劳德·列维-斯特劳斯的想法一样，纳斯的意思是人类可以随心所欲利用一切有利于其生命和幸福的东西的权利并不是绝对的，这种权利是有限度的，即不能威胁到其他物种的生命②。在纳斯的理论中，提及尊重生物多样性和丰富性就是表达要给个体和人类的权利设置限度。尊重生物多样性和丰富性包含了对不同人类和非人类生命形式的尊重和对不同文化的尊重，它们都不应该有高低贵贱之分。

然而，这条原则的例外情况不仅仅是一种妥协让步。这个例外情况意味着，在两种不幸中，经济赤贫更为糟糕。我们不能以牺牲人类或是一部分人类利益的代价去执行一套保护生物多样性的政策。我们应该保护蓝鲸和鲨鱼，但是，如果在地球上的某一个地方，渔夫只能通过捕捞蓝鲸和鲨鱼来维持生计，那么首先，全体居民就应该提出并接受补偿方案，这样之后才是禁渔和限制过度捕捞的问题。最后，我们需要在尊重当地习俗和生态要务（比如濒危动物保护）之间找到折中方法。在这方面，生态学的绝对整体性研究角度的局限

---

① 阿恩·纳斯，《肤浅的生态学运动和深层的、长远的生态学运动》，第 52 页。

② 克劳德·列维-斯特劳斯，《论自由》《长远的眼光》，巴黎，普隆出版社，1983，第 376-377 页。

性就显露出来。纳斯提出的基本原则有普世性的一面，但是它也与其他一些文化习俗发生冲突矛盾。因此我们需要用更加务实的方法来补充完善纳斯提出的基本原则，这个方法主要在于促进不同文化的对话交流，寻找折中方案。这种折中方案是灵活的，它建立在可变更的研究结果之上。[①]

实践生态要务需要参照当地的经济环境，但是纳斯认为，需要将"生死攸关的需要"和"无关紧要的需要"区分开来。纳斯并不强制我们选择他所钟爱的生活方式：大部分时间居住在"七零八落的石头搭建的简陋棚屋"中或者他于30年代在挪威哈灵山山峰建造的取暖困难的 Tvergastein 小屋中，这条准则主要是促进我们放弃某些行为，比如组织狩猎远征活动让游客去捕猎大象。[②] 这条准则尤其鼓励我们在实践任何活动时都了解相关的知识，比如说，以防一些希望探寻海床和潜水而缺乏经验的游客在每次踩踏暗礁的时候对珊瑚造成伤害。

第四条基本原则提到人类在大自然中的干预行为是过度的且具有破坏性的。与此同时，也出现了"保护和扩大野生

① 詹姆斯·塔利，《现时今日的生态伦理》《环境治理：全球性问题，伦理和民主》，伦敦，麦克米伦出版社，2000，第147-164页。

② 阿恩·纳斯，大卫·罗滕贝格，《通往深生态学》(1992)，巴黎，2009，第128-128页。

空间的抗争"，这保证了"动物和植物物种能够继续形成和演变"①。为了使不同的生命形式能够共存，人类就不能够侵占整个大自然。人类试图通过帮助濒危物种繁殖来保持生物多样性，弥补人类过去造成的损失的地方——自然保护区和完全未被开垦的地方都是一种"留有余地"②的做法。人类与土地之间的伦理关系促使人类重新衡量人类占据的空间。在这方面，对大自然的尊重和人类数量增加的后果，两者建立起了联系。

纳斯公开支持大量减少人类人口数量的原则，尽管这条原则饱受争议，鉴于它让人误以为减少出生率，尤其是减少出生率高的国家的新生人口才算是尊重大自然。我们有必要去分析人类生活水平的提高、妇女教育、出生率下降这三者的关系，而纳斯著作中并没有阐释清楚这种关系。这条纲领凸显了可行能力方法的丰富性，它捍卫了一条准则：政策可以在上游制造条件，使该纲领得以实现。

阿马蒂亚·森说明了，即使有粮食库存，饥荒也会可能出现；个体寻找粮食库存的能力要求有合适的基础设施可以

---

① 阿恩·纳斯，《生态学，共同体和生活方式》，第63页。

② 罗曼恩·加里，《天空的根》，第83页。

運輸和分配食物資源①。同樣地，如果公民都是文盲，那麼投票權毫無意義。因此重點應該放在保證個體將原始物品轉化為實際的"功能"能力的中間環節上。最後，如果我們不同時致力於文化層面的改變，那麼被傳統正義理論所捍衛的升遷高級職位的平等權利，為了彌補出生就帶有的不平等性所實施的正面差別待遇政策就都不能獲得預期效果。因為現有的文化環境使婦女和少數族群認為這些現實都是正確無誤的：他們只享有低下的社會地位，始終處於經濟依賴狀態，被流放到沒有任何決策權的社會位置上。我們應該以相同的思考方式去考慮出生率下降與婦女教育之間的關係，婦女教育包含了避孕權和她們對於自身社會地位的看法。

最後，將思考重點放在減少出生率，這一在新興國家有待達成的目標，是不合適的。因為在富裕國家，有人渴望投入大量人力資源和資金到延長壽命的實驗和研究中，而只有一小部分人能夠承擔起這些延長壽命技術的耗費。我們的這條評語並不是想要批評任何旨在改善老年人生活質量和抗擊神經系統退化疾病的倡議。然而，當我們說起生態學時，我們不可能忽視優先次序問題，我們必須從哲學上探討人類的期望，同代和代際公平，一個社會的期望問題。社會回應這

---

① 阿馬蒂亞·森，《貧困與饑荒：論權利與剝奪》，牛津，牛津大學出版社，1987。

种类型问题的方式决定了它是怎样的社会。

第六条基本原则指出改变政策的必要性，这不仅涉及公共政策，还事关我们搞政治的方式。生态学需要考虑到整个政治体系，而不是片面地看问题，就好像政治是一个独立的领域，与经济和伦理并排存在。生态学要求"经济和科技体系的配合"，劳动和贸易的重新整合，基础设施的发展以限制汽车的使用和无用的远途出行，以及对本地农业的重视。这些改变都需要人们的思想心态发生变化，即"意识形态上的变化"，它们影响着人类的消费模式、饮食习惯和广告宣传，这些广告鼓励浪费、宣扬污染性产品、将个人威望与拥有某些产品挂钩，比如大城市里遍地都是却没有实际用处的四轮驱动汽车。人类对大地的伦理关系和了解到某些消费模式远不具有普遍性，只有在被少数人享有时才能持续下去的事实之间的联系在这里是清晰明显的。这种联系同样体现了生态学和康德伦理学中的主要原则的兼容性，这突出了伦理多元主义的确切性。最后，注重各个政策在支持生态要务方面的协调一致性，这种新型公共政策的安排方式，促使我们修改经济增长的标准，政治文化也随之发生改变。在下一章中，这将会引导我们思考国家和国际层面的决策在当地的实施条件和谈到生态学进入到民主政治后可能带来的制度变化。

第七点基本原则指出，一项重视生态要务的政策不可能回避哲学范畴甚至是本体论范畴的思考："意识形态上的改变尤其在于欣赏生活质量，而不是坚持追求一种更高品质的生活标准。"① 除了要修正我们的坚持所求以外，该基本原则还指出了生态学和所有脆弱性伦理学所涉及的领域之间的关系。脆弱性伦理学的核心内容——人类的人性概念当中，如果否认下面两件事是同一件事：生活质量——表现力和竞争力；排斥社会诉求——让人们的生活追寻一种精英模式的所有做法，那么必然导致社会不公，造成二等公民的产生。人类会使用一些用于提高表现性能的科技手段，从而加剧了一些人对另一些人的支配。

第八点基本原则，尤其是在一个甘地仰慕者的笔下，并不是对暴力行为的呼吁号召，他的意思是，"人们有责任直接地或间接地去试图完成以上基本原则所涉及的必要改变"。这种参与的形式可以是建设性行动、在集体或协会中提出的建议、日常生活的选择。拒绝某些与上述基本原则相悖的做法也是一种参与。由于生态学扎根于人类与他者的关系并且包含本体论方面的问题，生态学作为脆弱性伦理学中的一章，是一种日常伦理学。我居住在大地上的方式和我消费的方式（使用一部分能源和资源，是否在生活中尊重不同的生命形式）决定了我是什么样的人。

---

① 阿恩·纳斯，《生态学，共同体和生活方式》，第61页。

因此，将生态学囊括在脆弱性伦理学中意味着：这个呼吸和进食的我，对自身会产生另一种看法，它不同于伦理学只指明我和其他人的关系时我对自身的看法，不同于主体哲学指出的我对自身的看法。我还会换一种方式看待大自然。大自然既是与我亲近的存在，也是遥远的存在，它不会屈服于我的运作模式。大自然既不是"人"，也不是我们通常说的"主体"。那么怎样的概念性工具才能既考虑到对大自然的尊重，又不陷入我们一谈到对于树木和生态圈的责任义务就好像这是我们对同类的责任义务的僵局中呢？他者的他者，莱维纳斯所说的第三者，向我发出了对正义的呼吁，这只限于人类整体中吗？还是说，出于对大地伦理学纲领的忠实，我们应该认为我们与其他物种的关系、我们与大自然的关系都属于正义问题[①]？

罗尔斯顿的价值论

罗尔斯顿的价值论是对元伦理学的重要贡献，而元伦理学对于生态学又十分重要。这一价值论同样也帮助我们在理论和实践之间，在使我们理解我们对每一个进入到伦理领域的实体的责任义务的概念性工具和一个旨在确立这些实体的

---

① 伊曼努尔·莱维纳斯，《别样于存在》，第 246 页。

代表条件的政策之间建立起联系。

罗尔斯顿没有止步于指出"人类的偏好太狭隘，以至于不能提供一个合适的基准来帮助人们从环境角度上判断什么才是合乎期望的①。"他的工具性价值、内在价值和系统价值（对生态系统有价值）理论将我们对于实体身份的思考与我们之于实体义务责任的合理程度的理解联系在一起。此外，罗尔斯顿对于不同生命形式的创造性的坚决主张，即他对于达尔文主义的解读，使他不仅仅将有机体、生态系统和生态圈纳入我们的责任义务对象范围内，他还囊括了物种和进化演变本身②。他明确指出了有价值的实体是什么意思：这些实体是宝贵的，它们本身就具有价值，而不仅仅因为我们可以从它们身上获取利益。它们有能力"评价"事物或者"赋予价值"。

Valuable 的这三重意思隐含着我们可以将其视作 value-able，它跳出了关于人类中心主义的问题范围。根据人类中心主义思想，只有人类可以给事物赋予价值。罗尔斯顿指出，那些认为没有人类存在的世界是荒漠，是无价值的人的眼光都太狭隘短浅。他带着苏格拉底式的语气，惋惜着一些人在

---

① R. 鲁特利，《我们是否需要一种新的伦理学？》，第49页。

② 在他对于达尔文主义的解读中，罗尔斯顿淡化了偶然性的部分，而迈克尔·鲁斯却着重强调了偶然性。罗尔斯顿思想的这种特点与他遵循的基督教主义有关。

这世上的生命是空洞的。因为这些人没有好好端详这个世界，他们只是根据他们能够从中获取的资源来评价世界，他们从没想过，相较于他们自己装饰的这个世界，世界本可以变得更加丰富多彩[1]。这一大胆的观点认为价值不是仅仅与人类的想法有关（人类中心主义），也不是只有人类才能赋予价值（人为），我们需要和康德讨论一下这个观点[2]。对于罗尔斯顿来说，如果价值需要人发挥主观性才能"凝结在世界上"[3]，那么我们还必须加上一句"人类是揭示价值的光的载体"，这意味着，人类发现了价值，而并不是创造了价值。为了不歪曲该观点，说它认为价值存在于万物之中，我们有必要清楚地解释动词"赋予价值"在应用到不同的我们的责任义务对象、动物、物种、生态系统时所表达的意思。

动物是有价值的存在物，它们既是价值客体又是价值主

---

[1] 霍尔姆斯·罗尔斯顿，《自然中的价值和有价值的自然》，第153、185页。

[2] 克里考特，《大自然的内在价值》，第205-207页。康德认为，每个人都固有地为自身赋予价值。当人们明白他人也在做着一样的事时，这种价值就变得客观了吗？一个能赋予自身价值的存在的内在价值，他会从自身赋予的属性地位转变为客观属性地位吗？克里考特认为，康德没有构建一种客观的内在价值理论，但是他提到，每个人的内在价值是一个普遍主观性原则，这个原则超越了我们主观性的限度，建立了一个伦理共同体，一个目的王国。

[3] 霍尔姆斯·罗尔斯顿，《自然中的价值和有价值的自然》，第156页。

体。"在皮毛和羽毛的后面有着某个人的存在"①。这句话描述了我们与动物的相遇，动物使我们转过头回看它，而它自己并没有丧失视力。然而，罗尔斯顿并不认为价值取决于人类目光的存在。动物之所以能成为价值主体是因为："动物能够给某些事物赋予价值"，首先便是"它自己的生命，它本身的样子，而不使这种价值依赖取决于其他任何东西。"②因此，动物确保了"它们自身身份的存续和价值，同时以外界衡量自身。价值是动物生命中固有内在的东西"。

这条标准没有把对疼痛的感受性列为成为价值主体的必要条件，即使对疼痛的感受性是后者的充分条件。该标准使我们能够研究"赋予价值"一词对于某种植物的意义。在此方面，罗尔斯顿遵循了康德对有机物的定义，即有机物可以自我修复，对承受的损害进行补救，他提醒植物的每个细胞都在进行光合作用，储存糖分，制造丹宁和其他毒素。这是一个"会自我维护、自我生长、满足自身需要的自发系统，它执行着自己的计划，在世上获得一席之地，有着竞争力，它自身有能力去衡量自己的成功。每个有机体都有自己特有

---

① 霍尔姆斯·罗尔斯顿，《自然中的价值和有价值的自然》，第159页。
② 霍尔姆斯·罗尔斯顿，《自然中的价值和有价值的自然》，第159-160页。

的利益"[1] 这是一个能够评价、能够赋予价值的系统，尽管它不是一种伦理系统。价值是生命和生存的价值，这意味着罗尔斯顿将"赋予价值，评价的行为"定义为"能够捍卫一种价值的行为，缺乏敏感性的生物也拥有价值，尽管它们不能在精神上探讨它们所重视的属性。"[2] 如果植物能够产生价值，那是因为，当它们凋谢的时候，有些事情在它们身上发生了，但这和我的目光并没有关系。

罗尔斯顿发散地思考"价值"一词和"赋予价值"行为的含义。当他说物种既是价值客体又是"有价值的"时候，这种思维发散性就显得更加明显。物种是不同于个体的"另一种生物学等级"。从遗传学角度看，这种身份随着时间的流逝日益明显，价值在这里就是"一种组织每种特殊生命形式的能动性"。有些有利于物种、有助于促进物种的繁荣发展的事件对某些个体是不利的，比如个体的死亡和寿命限制有助于更新换代。尽管有人可能会批评罗尔斯顿没有考虑到生物进化中的偶然事件，但为了理解"物种能够进行评价和赋予价值，保存生物个性身份"，我们应该思考，对于一个物种来说，保存它的生物个性身份，"赋予价值、评价事物"，产生

---

① 霍尔姆斯·罗尔斯顿，《自然中的价值和有价值的自然》，第 161-162 页。

② 霍尔姆斯·罗尔斯顿，《自然中的价值和有价值的自然》，第 163 页。

与人类意见无关的价值都意味着什么。

当我们思考一些为禁止或准许修改生殖细胞行为（包含修改会传到后代的遗传型）而提出的准则时，第一眼看上去，这一关于（有着三层含义的）"有价值的物种"的思考是值得关注的。但是，这样意味着要马上指出伦理学中生物学论据的陷阱：有人说物种"评价、赋予价值"，一些物种的灭亡和基因改变是合理的，因为这和生物进化有关，如果这是和人类行为有关，那就是不合法的。这种说辞是带有偏见的，将既成事实迅速转变为评判标准，它同样也将人类排除在生物进化之外。在另一方面，一些帮助人们评价一个行为是否具有合法性的标准存在着[1]。这些标准求助了其他范畴，比如完整性原则[2]，它与个体或团体相关，我们能以此为依据谴责转基因生物，比如一些植物因转基因技术而无法繁殖，或者揭示克隆和随意操纵基因做法的荒谬，它们导致奶牛无法自然下崽。同样地，当我们考量超人类主义和通过改善人类的感

---

[1] C.佩吕雄，《破碎的自主性》，第133-157页；《感性的理性》，第96-100页。

[2] 完整性原则是"一个动物物种或植物物种的内在价值，这个物种从很久以前就存在于大自然中，在其演化历史中一直保持着一致性"。完整性原则与个体有关，也与后代、变种和物种有关。J.D.兰德托尔富，《欧洲生物伦理学中的基本伦理原则和生物法、自主性、尊严、完整性、脆弱性》，哥本哈根 - 巴塞罗那，《斯普林格》外刊，5卷，n°3，2002，第235-244页。

040 官能力和智力来改良人种的愿望时，如果不明确说明这项计划的动机的话，我们很难做出判断。改良人种的愿望见证了其拥护者对性能表现原则的支持，而脆弱性伦理学驳斥这些原则，并用另一种人类人性观取而代之。这种人类人性观与另一种社会和政治结构模式联系在一起。

我们很难做到理解实体而又不将我们的运作模式照搬照套到全世界，不去否认不同于我们的事物的特有价值。当我们试图去了解"赋予价值、评价"对于一个生态系统的意义时，这种难题就更加棘手了。生态系统不同于集邮。邮票收集是井井有条的，每一部分之间都是协调一致的，但是它不是活的：它无法自我生长，也无法靠自己的力量在时间的漫漫长河中存续下去。这个评语促使我们思考具有一定自主性机器的身份地位，它旨在强调构成生态系统的平衡状态的珍贵性以及生态系统的"赋予价值、评价"能力。

冻土地带，它远不是一种有机体或者生物群落，它是偶然的形成，在这种经历过各种意外事件的构造中，每个部分都是以外部方式联系在一起，但这并不排除它们之间的互动。相反地，在生态系统中，一次冒失、粗暴、过度的干预行为会摧毁生态系统的平衡状态，只要碰到一部分，其他部分和整体都会受到影响。生态系统不像树一样有着很强烈的应激性。它没有基因组，没有皮肤，没有在时间长河中辨别自身的能力。在这种意义上，生态系统什么也不担心，它的组织形式来源于其成员之间的交互反应，这些成员活着并试图继续活下去。因此，生态系统需要一个特别的价值理论。生态系统价值与有机体价值无关，它意味着重视囊括和孕育生态系统丰富性和稳定性的自生秩序。生态系统的平衡状态是各种价值之间平衡的结果。[1] 此外，罗尔斯顿指出，生态系统倾向于使不同物种充满这个世界，它具有生态丰富性。生态系统会酝酿出某种生活质量。不仅仅这种丰富性有利于人类，它还展现出一种生产力，而工具性价值和内在价值的概念都无法很好表达出这种生产力。

罗尔斯顿称系统价值是最重要的，内在价值与工具价值相互变换，它们都存在于自然系统的创造性之中。罗尔斯顿最后指出我们必须将大地作为生存的基本单位。我们需要用一种系统性方法去研究大地的价值，"这种方法能使我们在向大地投射目光以前来评估大地，使大地的价值不依赖于旁观者的意见"。这句话鼓励我们思考我们与"一个脆弱的星球之间的关系，我们应该像对待宝物，像对待某种应该存续的东西那样，保护和养护这个星球。"[2] 并不是因为这句话与大地伦理学表达的意思一致，所以我们要重新谈到利奥波德。实际

---

① 霍尔姆斯·罗尔斯顿，《自然中的价值和有价值的自然》，第174页。

② 霍尔姆斯·罗尔斯顿，《自然中的价值和有价值的自然》，第177-178页。罗尔斯顿引用了迈克尔·柯林斯在登月之后所说的话。

上，发散思维，扩大视野去正确理解大自然，了解如何与生态系统打交道（生态系统是我们熟悉的生活背景，但我们常常忘记了它，对它认识也不够深刻）是利奥波德的《像大山一样思考》①的关键内容。

像大山一样思考

首先我们应该马上指出，将我们对于同类的关切义务照搬照套到对大自然的尊重上，这种态度是有局限性的。尽管超越了情感的领域，"关怀"仍然是一种移情作用②，即使我们认为它是一种实践理性的形式。像大山一样思考，这意味着要学会发现和理解什么才是对大山有益的，这是我们无法凭先验了解的。

利奥波德坦白道，在他更年轻的时候，他曾经"手扣扳

---

① 奥尔多·利奥波德，《沙乡年鉴》，第 168-173 页。

② 这同样意味着我们能够想象我们的责任对象。不过，伴随着现代技术的发展，尤其是原子弹，以及一旦涉及难以察觉的气候变化和污染问题，我们的权利范围和我们的代表制之间的差距就出现了。此外，对人们支配大自然现象的揭露以及这个事实：推动人们关注大自然，就像生态女权主义者坚持主张我们与大自然的密切关系那样，是很有趣的。但是，这两者会遇到一个难题——要考虑物种之间可能存在的残酷关系。最后一点，这两者无法保证从伦理学到政治的过渡，而这一过渡正是我们对关怀伦理学的批评之处。我们在本书最后一部分会提到这个问题。

机"①，因为他当时认为一座没有狼而遍地是鹿的山"将会是猎人的天堂"②。利奥波德同时也指出这种观点是狭隘的，我们必须承认"大山已经活了很久，它已经能客观地听着狼的嗥叫。而狼的工作在于根据这座山的需求来调整平衡鹿的数量"③。去中心化的思维能够帮助我们理解这个问题，而它不仅仅旨在摆脱人类中心主义和拟人化的阴影。利奥波德所用的词语并不寻求给大山赋予人性。相反地，这些词语指明了一种极端特殊性，我们应该从这种极端特殊性出发来观察事情。这种观察能够帮助我们明白什么才有益于一个生态系统，从而构想出一种不损害大自然稳定性的干预行动。

目睹鹿群数量太多导致大山植被逐渐消失的场景，人们在行动时变得更为谨慎和节制。这一场景反映了人类的无知和不负责任的态度。我们无法以自身利益为依据去衡量什么才是对生态系统有利的，这一事实是另一种学习方式和知识的出发点，它们建立在不同的观察评论之上，而这不仅仅来源于知情人或是在山路间踱步并了解大山内部的猎人。这些观察和与大自然的经常接触使他们产生了其他的感情或者将他们唤醒，使其重新审视自己的感情。这样看来，这些情感

---

① 奥尔多·利奥波德，《沙乡年鉴》，第 169 页。

② 奥尔多·利奥波德，《沙乡年鉴》，第 170 页。

③ 奥尔多·利奥波德，《沙乡年鉴》，第 170 页。

是每个人对自身的体验①。

利奥波德写道，与被他杀死的母狼的相遇，这个事件使他改变了对于大自然的看法，"在看到母狼眼睛中的一团绿火熄灭以后，我感觉到，这头母狼和大山都不认同这种观点"。这种观点将狼的消失、鹿的繁盛与"猎人的天堂"②挂钩。这并不意味着他放弃了捕猎，捕猎在过去往往与理解大自然和了解构成生态系统的平衡密不可分，比如百科全书编写者查尔斯 - 乔治斯·勒罗伊就是这样。然而，此次与动物的相遇和

---

① 这一点说明了人们把利奥波德的思想同关怀伦理学以及生态女权主义比较是有理可循的，弗朗西丝娃·德·奥波妮于 20 世纪 70 年代提出"生态女权主义"一词。参照卡洛琳·麦茜特，《大自然的死亡：女人、生态，以及科学变革》（1980），旧金山，1990。这种比较是部分合理的：大地伦理学认为要承认我们对大自然的责任义务。然而，比起关怀伦理学和生态女权主义，利奥波德更加强调，只有承认大自然的特异性，我们才能承认我们对大自然的责任义务。此外，在《像大山一样思考》中，存在这样一种观点：大自然往往不需要人类。相反地，关怀伦理学则坚持主张我们之间的相互依赖性，认为认可需求构筑了个体的身份。同样地，养护和修复大地有着特别的意义，因为人类的过度开发对它造成了破坏，这种过度开发行为体现了人们对大地复杂性的无知。然而，对于那些带走同类生命的癌症，我们并不负有责任。对于弱势人群的需求问题，关怀伦理学认为社会组织模式不够好，因此我们每个人都对他者身上发生的事负有个人责任。然而，我们并不是对所有发生在他者身上的事都负有责任。最后一点，对他人的照料和对大自然的照料，这两者的类比是不成立的，因为人类会利用自然，但是人类不该剥削同类。即便生态女权主义鼓励另一种大自然利用方法（更加尊重大自然，大男子主义或支配主义色彩不那么浓厚），这个常常与素食主义联系在一起的流派并不认为耕作大地是不道德的。

② 奥尔多·利奥波德，《沙乡年鉴》，第 170 页。

这种顿悟是一件大事，因为它们使利奥波德意识到大自然的反抗和晦涩之处，从中看到了大自然并不屈从于我们的看法以及我们能够做些什么。这件事情并不要求我们树立一种宗教态度，也不要我们将生灵神圣化，它要我们彻底去中心化。只有我们退居一边、抽身而出看问题，我们才能尊重大自然，这是梭罗的另一种灵感汲取方式。利奥波德在谈到我们的代表制和我们的目标之间的差距和"为大山熟知但人类极少意会到的狼嗥隐藏的意义"[1]时恰好应用了这种思维方式。

意识到我与大自然的不同、我与其他生物的不同，不仅仅意味着我对动物、树木和森林的责任义务不同于我对其他人类的责任义务。这种极端的相异性不会将人类变为帝国中的帝国，它是我们建立一个公正的人类与自然关系的条件。然而，如果我们如此不同于大山、湖泊、海洋、居住在大地上的生灵，我们可以思考我们怎样才能在讨论如何利用它们的时候考虑到它们的福祉和繁荣发展。当我们思考大地伦理学的政治意义时，当我们意识到在与大自然交往时自认为绝对真理的人类必须实施环境保护准则时，我们可以从利奥波德的命令——"像大山一样思考"得到什么启示呢？

对立性辩论所要求的德行和讨论道德影响下每个人视野

---

① 奥尔多·利奥波德，《沙乡年鉴》，第 172-173 页。

的扩大足以使生态学进入到民主领域吗？还是说我们应该更进一步，为生态学引进它所需要的哲学思想？利奥波德和纳斯都强调了本体论的必要性，但是他们都没有提出一个符合生态学需求的本体论。这种本体论意味着我们要用另一种能够使每个人做好准备去迎接生态学家衷心希望的改变的人类概念以及人类与自身的关系来替换掉自我关切。这相对于其他坚持主张人类责任的伦理学，这种改变主体哲学的方式的特别之处在哪里？最后，为了使生态学进入政治领域，难道我们不该研究合理性和情感的关系以及科学—公民社会—政治权力三段式，并构思其他的代表制模式，其他的制度和其他选择人类和地球居民的代表人的方式吗？

政治生态学

人类世

落实一项考虑到生态要务的政策需要重新思考"代表"的概念。那么我们会寻思是否要将代表制推及至非人类实体：这些非人类实体听凭人类决断，只是简单的被动对象，但是它们会对人类行动作出反应，决定我们的生命并交换信息。它们的代表人应该"以万物的名义来进行发言"并且"根据它们特有的规章——生地法则"[①]来陈述意见。这种对生命和地球万物的代表要求我们重新思考学者在政治辩论中的角色，它引导我们改变我们搞政治的方式。这种代表同样意味着要重新确定人们的代表问题并思考公民参与到集体决策的条件。政治生态学的关键要点在于将这三个层面的思考（非人类实体的代表、人类的代表和参与）连接起来。

---

① 米歇尔·塞尔，《危机四伏的时代》，第58-59页。

制度的改变和其要求的政治文化的改变，它们的出发点是对第三者的承认。集体决定不仅仅涉及人类。此外，在关于环境问题的谈判商议中，各个国家依然认为这是国家间的事情，甚至每个国家在此事上还有胜负之分。国内政策和以环境问题为主题的国际峰会的失败都源于我们始终保持着老祖宗的那一套不变。被战争所左右的政治和非人类实体代表的缺失是息息相关的。此外，随之而来的还有公民代表的缺失，甚至是对跨国环境保护意识的兴起的否认。

历史不再是人类之间的关系或国家之间的关系。长期被忽视的第三者向我们提醒它的存在："远不是被动客体的个人或集体主人，我们变成了新主体的客体，这个新主体是世界。"[1]如此，我们不再处于全新世。全新世是冰河期后的地质年代，它持续了一万到一万两千年的时间，在这一阶段，气候温度稳定，有利于禾木植物的生长和农业革命的开展。我们的活动留下的生态印记以及我们决定地球环境状况，成为地质因素

---

[1] 米歇尔·塞尔，《危机四伏的时代》，第 54 页。

而不仅仅是生物因素的事实标志着人类世的到来[1]。

这一地质年代的形成要追溯到 18 世纪后半叶，在第二次世界大战之后，它变得尤为明显。不仅仅是因为我们承认气候变暖有人为因素的推动，所以才说到"人类世"。人类世同样意味着个人和发展模式的历史，当中包括资本主义历史和全球化历史，无法使我们理解我们当今的处境，即人类的处境，甚至是人类物种的处境。人类物种"逐渐变为这种事实状态"[2]，但这种状态不是他的意愿或资本主义的纯粹产物[3]。这并不是说气候变暖这一不是人类活动想要造成的结果与工业化和资本主义没有关系。全球化造成的不平等现象会因为环境危机而加剧。然而，如果我们只把气候变化简单地解读为资本主义管理的危机，我们就会忽略人类世的特点——人类集体是一个地质因素。

---

[1] 2000 年，诺贝尔化学奖得主保罗·克鲁岑提出了人类世的概念。人类世指工业革命以及它所带来的彻底变化开启的地质学新纪元，这一概念要求我们不再分割看待人类历史和自然历史，要去思考人类物种历史与资本主义全球化历史之间的关系。保罗·克鲁岑，尤金·史托莫，《人类世》《全球变化期刊》，n°41,2000，第 17 页；保罗·克鲁岑，《人类地质学》《自然期刊》，415 卷，n°6867,2002 年 1 月 3 日，第 23 页。被迪佩什·查卡拉巴提引用在《历史气候：四个论题》，第 22-31 页。2008 年，伦敦地质学会地层委员会接纳了"人类世"一词。

[2] 迪佩什·查卡拉巴提，《历史气候：四个论题》，第 30 页。

[3] 同上，作者提到了肯尼斯·彭慕兰，《大分流：欧洲、中国及现代世界经济的发展》，普林斯顿，普林斯顿大学出版社，2000。

050　　　尽管我们不能体验作为物种的"我们"，尽管我们不能"作为地质因素体验自身"①，我们却扰乱了我们赖以生存的环境，"迫使生物进化走到一条新的轨迹上"②。即使富国在全球环境变化中的责任要比穷国的责任大很多，这一人类世将会改变阅读历史的比例尺。人类世要求我们将人类看作是一个依赖于其他物种的物种，它要求我们"落实一条为全世界所认可的战略，这个战略要能保障生态系统的永久性并保护其不受人类压力的影响"③。

科学与社会的关系以及非人类实体的代表

　　不是将无活动能力的东西和生物看作为物品或是敌人，而是将科学与社会的关系以及非人类实体的代表引入生命科学和地球科学（研究不同的实体）的政治问题中，这改变了我们计划未来的方式。我们步入了一个充满联系、事物彼此相连的世界，在研究它们之间的互动之时，我们被呼吁去改正我们设计政治行动的方式。政治行动不会再被认为是一个项目，是提前根据一个人、一个政治团体或者其代表人的意

---

① 迪佩什·查卡拉巴提，《历史气候：四个论题》，第31页。

② 迈克·戴维斯，《生活在冰架上：人类的融化》，译者：P.瓦内克，n°131，2008。

③ 保罗·克鲁芬，尤金·史托莫，《人类世》，第18页。

愿决定好的计划的实施。政治行动，是付出时间和努力去理解事物间的关系，从而研究我们与事物之间实现和谐互动的条件。事件的发生不依赖于我们的预测，它们是互动的结果。单单人类的激情带来的碰撞是无法使事件发生的，有一部分事件也是无法预测的。同时，避免或者预防某些灾难性事件的后果是可能的，只要我们努力固定好相互影响的因素或事物，不让其产生连锁反应。换句话说，这一三方游戏要求将政治家的权力放在最末位。这一点也不意味着政治行动来自科学的裁定，也不是说亚里士多德式的谨慎品格（政治家在情势不明的时候行动）没有任何意义。

直到现在，在管理经济、教育、农业、商业、环境和卫生健康方面事务的城市事务管理机构中，都是政治家作出决定：由他们说出第一句话和最后一句话。他们会求助于专家，专家就各种问题向其汇报情况，然后他们会将某些信息纳入考虑范围去策划他们的行动，带着或多或少的谨慎和灵巧。他们交付给学者描述现实情况的任务，等待着学者专家给出确信可靠的消息，然而还是由他们确定价值标准或代表价值标准^①。通常情况下，如果无法得到确信，他们就会按兵不动；如果他们确信无疑地认为没有风险，他们就会不做任何预防准备，选择直接行动^②。无论在什么情况下，政治家的社会方案提供了行动方针，这一行动方针会影响到他们的公共政策。专家提供的数据只能部分、局部地对这一行动方针产生影响。无论是自然科学所提出的质询还是科学建议中对于改变处理问题方法的要求，这一行动方针一概无动于衷。

政治家希望科学家能够确认他们提出的计划是合理的，他们还要求科学家上报任何可能出现的风险。决策者依然认为自然科学应为其开绿灯并消除一切不确定性。他们觉得专家的作用主要是提供建议。政治家把自然科学当作工具使用。同样地，他们认为政治在于不承担任何风险。他们的行动方针早已经根据其政治意愿确定下来了。在这个过时的政治结构中，政治意愿指的是政治纲领，它显示出了政治家们的勇气或美德，政治家们仿佛能够使命运女神臣服于他们，然后通过他们对于社会的远见卓识将国家的命运掌握在自己手中。

---

① 布鲁诺·拉图尔批评了这种现实与价值标准，科学与社会之间的隔阂，这种隔阂要求我们推动科学真正地进入到民主政治中，它还批评预防原则失去信誉，远没有成为一种节制原则，而是默许重复行动不需要受到确实性控制。参照布鲁诺·拉图尔，《科学的世界主义》，《新世纪思想》，巴黎，法亚尔出版社，2007，第 126 页。

② 玛丽-安盖莱·赫米特，《血和法律：论输血》，巴黎，瑟伊出版社，1998。

然而，自政治游戏成为一个三方游戏起，这种做集体决定的方式和这种对自然科学作用的解读就必须发生改变。

政治意愿变为尊重生态要务的决心，生态要务规定了人类在与生态系统进行互动时正确适当的行为。政治意愿同样包含使这些要务符合国内环境甚至是决策者所立下的社会目标的要求。我们不应该只是向生命与地球科学领域的专家咨询意见，我们首先就应该重视他们的研究和他们质疑过去的定论的方式。他们应该能够改变政治辩论中所用的字眼。即使在最后，决策者们还是选择了一项在保护环境方面不够严苛和注重短期利益的公共政策，我们也有必要就科学家、经济学家和数学家提供的信息（即使这些信息不是百分百确定的）开展讨论，就像我们讨论聚集意识形态冲突的再分配政策一样。这就是说，当学者们成为不同实体的发言人，而这些实体因法律、技术或科学原因与我们的世界发生关系并且有着一定重要性时，我们需要听取他们的意见。

这并不意味着科学揭示现实，就好像它是独一无二的或它的根本作用是说明决定性的绝对真理，并以此启发政治。这种观点是对科学的作用和政治的定义（"循序渐进地组成一个共同世界"）的一种轻视。政治就是要进行无数次关于实体（鱼、病毒、禽流感等）的讨论，这些实体将会被纳入世界体系中并被代表①。在这一主题上，布鲁诺·拉图尔坚持主张科学的多元性，这响应了多元性世界的收集，"多元世界"②。"多元世界"取代了过去我们所定义的大自然的形而上学概念，它指的是在组成集体以前，即在裁定某些人类实体进入共同世界的政治将一切统一起来以前，事物和人类的多样性。

然而，在民主政治中，即逐渐组成共同世界过程中，科学的功能却是"保持争取存在权的候选者的多样性"③。这涉及了解对某一动物物种的保护，减少二氧化碳排放量的目标是否应该被纳入国家关切事项中并确定相应的预算安排、经济和农业发展方向，就如同男女平等或反对种族歧视这些原则被共和国确立以后（即首先是社会学家、哲学家或公民探讨这些问题，接着大多数人民感觉到这些议题离不开共和国的

---

① 布鲁诺·拉图尔，《自然的政治》（1999），巴黎，探索出版社，2004，第61、69、294页。对于拉图尔来说，非人类实体的多样性取代了过去的大自然概念，他批评了这种大自然概念的形而上学基础，同样也斥责了深生态学信奉者对这一概念的使用。在阅读利奥波德、纳斯、罗尔斯顿的理论后做出的上述分析无法让我们怀疑这些作者忽视了需要重视的非人类实体的多样性，因为我们必须恰当地思考我们对于这些非人类实体的不同责任。这一评语并不有损拉图尔在政治生态学领域做出的贡献，他的主要贡献在于"将民主政治延伸到非人类实体身上。"在这几页内容中，他的提议启发了我们，但是关于如何搞政治的反思、对于规划的批评以及公民参与的相关内容与拉图尔无关。

② 布鲁诺·拉图尔，《自然的政治》（1999），巴黎，探索出版社，第59页。

③ 布鲁诺·拉图尔，《自然的政治》（1999），巴黎，探索出版社，第248-249页。

参与，于是引导共和国重新改革它的人文主义内容），一些必要的措施被落实一样[1]。

就这样，学者之间就他们推动讨论的事宜互相交换意见。除了政治家的讨论以外，他们增加了自己的讨论。此外，他们的发言人身份并不是一种透明性典范，它给人感觉"讲话的人和代替他讲话的人之间隔着无数中间物，一切都介于疑虑和不确定之间"[2]。这种发言人身份"对于公众的热情是火上浇油"[3]。讨论与气候、一种病毒、一个物种等相关的问题意味着改变公共政策的商讨框架。我们不能再说这些问题不存在了。在这层意义上，非人类实体得以被代表并参与政治讨论。

布鲁诺·拉图尔设计了两个议院以分散权力。权力的分散保证了科学的自主性，同时它也分配了相应的任务和管理权限。第一个议院掌管"纳入考虑范围的权力"：专家通过调研提出问题并推荐新实体参选，也就是说专家提议将这些问题和相关实体，水、空气和森林，纳入政治讨论范围中。这些实体不再是简简单单的物品，因为这些信息展现了我们是如何依赖于它们，我们的生产消费模式和技术手段又是如何

---

[1] 阿兰·雷诺，《多样性的人文主义》，巴黎，弗拉马里翁出版社，2009。

[2] 布鲁诺·拉图尔，《自然的政治》，第 101 页。

[3] 布鲁诺·拉图尔，《自然的政治》，第 102 页。

对它们施加影响并引起无法控制的不良反应。如果我们没有对这些事物采取这样的行动的话，布鲁诺·拉图尔的提议就是没意义的。但是相反地，当我们想到我们现在的处境，这个要求政治制度发生变化的时代，即人类世，我们就会发现布鲁诺·拉图尔的提议是贴切的。

同样是在第一个议院，我们决定开展磋商咨询以确定新提议的数量，这些新提议必须能够与共同世界实现协调的衔接。我们会去询问一定数量的人的意见，这些人必须十分可靠并且能够代表非人类实体[1]。我们需要重新考虑这个问题，即在第一时间将全体公民召集在一起，让他们介绍或谈论一些非直观性和需要一定专业知识才能理解的现象是不可能的。这种知识和权力结构并不排除公民的参与，但是这里的公民参与并不是指全民公投或民意调查。公民们不一定能够马上参与进来，并不意味着我们认识的那些政治代表已经适应了人类世特有的新型政治组织，也不意味着他们就能够把生态学纳入民主的领域内。

布鲁诺·拉图尔所构想的第二个议院对应"安排调度权力"。在我们没有琢磨透新实体是否和已经获得城邦居住权利的实体兼容的情况下，任何新实体都无法被共同世界接纳。

---

[1] 布鲁诺·拉图尔，《自然的政治》，第158-159页。

对与动物物种灭绝、土地侵蚀、转基因玉米的商业售卖有关的问题的考虑和成人干细胞疗法的实践都在特定社会环境中出现。政治应该关注技术以及争议现象与它们所在的社会、经济、文化环境之间的联系。

在这里有人可能会想到再生修复医学。通过成人干细胞实现再生修复的这种医学手段由日本科学家山中教授于2007年公布于世，但是这种方法会引发癌症，如果科学家能够攻克这个难题，那么再生修复医学就会成为可能。再生修复医学避免了使用和摧毁六天大的胚胎带来的伦理问题。然而，这种医学手段花销极大，这又重新抛出了人们获取医学治疗的不平等性问题。同澄清一项技术带来的伦理性问题一样，思考出现在特定社会环境条件下的这项技术所产生的影响也是哲学思考的关键内容。同时，这两者也是我们对这项技术持保留态度的原因。

于是，现在出现了一项通过和解协商的方式来划分等级的工作，这项工作将第一个议院增加的"新生命纳入体系中。"这项工作必须是明确清楚的，这意味着政治家们必须采取某种民主手段，他们必须能够说明解释他们的决定并将其透明化。一旦我们决定某些实体可以进入到共同世界中，讨论就

058　结束了，直到新的提案被呈上[1]。

因此，公共政策并不是科学鉴定的结果。当我们要实施的行为事关某个领域或者这个行为具有目的性时，考虑到科学家（他们使我们听见万物的声音，在这种意义上，科学家将民主延伸到了万物身上）的意见，政治家就会以不同于以往的方式作出决策，而他们的决策不再与他们在竞选活动上宣传的纲领相关。科学鉴定以及科学质问引来的麻烦和怀疑态度告诉我们复杂的问题没有简单的解决方式，而且它们将是文件的首要内容。不仅仅任何一个法案和任何一个规划都需要经受这些知识和信息内容的检验，而且决定也不是在得到政治家认可后就立即生效。政治家们和为其工作的人、阁僚成员、国务秘书或者部长的职责是对提案进行分级，检查新提案是否与已经在城市中存在的事物兼容，是否与其他领域所发生的事情兼容，是否与现有的制度和制度下的价值相容。这项任务意味着一项政策的内部协调性是决定它是否恰当的重要因素。这项任务同样要求统治者在顾及这个社会所具有的制度、风俗习惯或者通过他们的说服和公关本领成功改变人们思维方式的情况下，找到方法使新事物或新提案能够因地制宜地融入社会中。

根据这个想法，比如说，当我们就转基因产品、欧盟补

---

[1] 布鲁诺·拉图尔，《自然的政治》，第159页。

助、风景的定义、基因流问题进行讨论时，我们就需要处理不同圈子之间和"矛盾组合"[①]中的利益冲突。同样地，在渔业问题上，这一"混合型政策"的争端并不是政治领域和科学领域之间的交锋结果，它发生在起火的船只、配额的计算、海中金枪鱼消失的统计数据等等之间[②]。最后，所有的利益相关者或参与者都将和政治家们一起就决议进行商讨，就像过去解决水资源问题一样[③]。换句话说，尤其是在立法层面，我们要将不同利益相关者的代表人都聚集在一起从而做出裁定，在考虑到特定环境的情况下，在给定的领域中做出最为明智和最好的决定。利益相关者是指参与者、不同用户、消费者代表、农民、工业、销售网络和议员。

在这种方案中，行政机关负责确保一项政策的协调一致性，立法机关则要求议员们保证更多的专家和非人类实体的发言人参与到立法工作中，这种行政机关和立法机关的分离

---

① 一系列互相对立的因素构成的组合。琼·特里希在谈到对19世纪科学历史的不解和波德莱尔给爱伦坡诗作的翻译时，引入了这个词。布鲁诺·拉图尔也使用了这个词，《科学的世界主义》，第121页。

② 《科学的世界主义》，第121页。

③ 自1992年的水资源法颁布后，地方水资源管理委员会的组成人员情况如下：议员占一半席位，政府代表占四分之一的席位，各种类型的使用者（农民、工业家、消费者等）占四分之一的席位。地方水资源管理委员会负责制定法国境内的水资源管理模式和组织模式。公共行政部门和地方政府机关必须遵循他们的规定。参照布尔·多米尼克和哈萨克·吉勒劳伦《可持续发展》，第82页。

改变了决策的形式①。这种新的角色分配方式与我们国家现行的任务分配方式是不一样的，现在，政府仅仅满足于发布一系列规定，而这些规定的具体实践则由国家机构甚至是地方机构来负责。这种技术官僚式的权力体系倾向于增强规划性和监督性，但是我们这里提议的政治体系则意味着，政治家们已经充分领会到科学、技术、事件甚至是社会演变都会带来新变化。政治家们不会再以同样的态度处理专家们的研究工作，也不会再以同样的方式对待他们所代表或管辖的公民，他们会组织安排好一切来确保公民之间的和平相处。

　　不仅在不同利益相关者进行商讨时，关于讨论的行为规范准则显得尤其有用，当人们就一项法案在议会进行辩论时，即在每个审议阶段中，它都是非常实用的。不同利益相

---

　　① 这也意味着公民的参与，布鲁诺·拉图尔在《自然的政治》中对此着墨甚少。相反，参照布·多米尼克，乔治·怀特塞兹，《通往一种生态民主：公民，学者和政治家》，巴黎，瑟伊出版社，2010，第73-80页。除其他事项以外，问题在于把环境非政府组织有条不紊地引入那些管控与环境事务有关的领域的公共机构或政府机构，使环境非政府组织能够在审议机构中占有一席之地。旨在尊重民主原则和公民参与原则的提议也包含了挑选那些够资格加入委员会的环境非政府组织。这两位作者还谈及了未来的科学院，科学院成员由科学家和一些哲学家组成，科学院主要负责为关于地球限度和资源状况的宪法目标提供参考意见（哈萨克·吉勒劳伦《可持续发展》，第91页）。最后一点，问题在于"建立一个新的参议院，它能够起草一些重要法案，使我们实现新的宪法目标"，（这些新的宪法目标包含了大自然保护，）"并否决任何与这些目标逆向而行的法案"，就和未来的科学院处事态度一样。（哈萨克·吉勒劳伦《可持续发展》，第92-93页）

关者之间的讨论会使每一个参与者都活跃起来各抒己见，而不会出现大家意见重叠从而达成一致意见或者从每个参与者事先决定的立场出发达成协定这种情况。对于每个参与者来说，他需要就一条普遍性规定，就一条他认为能够有效管理某件事情的标准作出裁定。这项标准并不会和他在进行讨论以前所设想的方案吻合，也不会和舆论或者他的个人信仰所倾向的方案完全一样。听取其他参与者的意见和重视其他参与者的利益能够使每个参与者看到一个问题的不同方面，获得更大的视野，对一个现象有着更加全面更加公平的看法。此外，每个参与者在为解释和澄清观点作出努力时，会采纳一种批判性和可谬论态度并且获得在磋商审议中必不可少的对话能力。

然而，将关于讨论的行为规范中的规定和程序融入政治生态学领域并不能支持"法律优先于道德"这种观点。生态学必须要有这样一种世界观：立场能够适当地根据具体环境而变化，但这种立场不是中立的，它能够部分地决定所选择的解决方案或用于指导某项公共政策的规范标准。然而，讨论使我们想到，生态要务要适应于当地环境条件并符合不同相关人员的利益。有些人甚至认为讨论的运作模式与"洗衣机"①一样，讨论能够净化每个代表的立场，漂洗掉社团主义式偏见，避免人们陷入维护社团主义的怪圈。除此之外，在磋商审议过程中，这一对话工作并不需要人们放弃情感因素，反而需要人们阐释清楚这些情感：将情感一一指明并了解这些情感所表达的含义能够帮助我们研究什么才算得上是为群体共有并对群体有价值的标准。因此，这些标准并不纯粹是理性思考的结果，它们体现了一些本体论立场，一种我们看待大自然和处于大自然之中的我们自身的方式。

在关于环境保护问题的辩论中，解释这点是十分重要的。这并不是说情感可以被引为论据，但是"自然而然产生的反应，无论它是负面还是正面的，都有着更多的含义，而不仅仅是表达了一个人的喜好厌恶。站在伦理学立场上看，我们会就这些反应进行思考：'我爱我所爱的东西吗？'"②因此，阐明本体论上的差别能够引导我们阐明分歧以及其伦理基础上的差别。这些分歧并不一定是过去意识形态对立使我们习惯的那种分歧，它们是一个人的价值体系。分歧必须在辩论中表达出来，因为它们解释了环境问题争端。不过，当每一个参与者都做到讲清楚情绪情感的来龙去脉，揭示与这些感

---

① 尤尔根·哈贝马斯，《对话伦理学与真理的问题》，巴黎，格拉塞出版社，2003，第75页。

② 阿恩·纳斯，《生态学，共同体和生活方式》，第108-111页。

情相关的本体论立场时，这些情绪就能成为讨论的出发点。参与者们要能够参与到讨论中去，即他们必须敢于表达自己的意见，但也不因此沉浸在自己的反应中不能自拔或试图挑起一种激烈紧张气氛使对手闭嘴。对于一个不能完全靠理性解决的问题，我们要将审议抬到论证高度上。任何一个决定，甚至是任何一个偏向理性的决定都不是仅仅由理性成分组成的，但这也不意味这些决定与理性相悖。我们要理性思考这些立场观点，从而来讨论它们并衡量它们的适当性[1]。

---

[1] 这个观点和让-马克·费里对于哈贝马斯的看法是一致的。哈贝马斯用"通过对质达成共识"替换了罗尔斯的"通过交叉达成共识"。通过对质达成共识，是"让各种观念相互对质的讨论带来的结果"。参照让-马克·费里，《衰落的共和国》，巴黎，塞弗出版社，2010，第49页；《价值和标准》，布鲁塞尔大学出版社，2002，第63-64页。人们甚至可以询问自己，公共理性是否是指导公共政策的标准的唯一来源。人们可以认为，参与者的信念反映了基本善恶观，而这种善恶观与一个政治群体的传统有关。这就是为什么，在让-马克·费里，甚至哈贝马斯看来，不存在一种纯粹的正义高于善。然而，人们还可以更进一步地认为除了这些东西——公共理性承认它们对集体是有效的——以外，还存在一些标准，它们来源于制度意义、行为、实体，就像我们将要看到的动物行为需求那样，就像当我们反思生态学时，我们想到的那样。让-马克·费里保留的"共识"一词意味着，（对他来说）被选择的准则仅仅来自审议，来自公共理性。相反地，我们认为，在某些领域，尤其是生态学领域，为了构思能够指导政治的标准，我们不可能绕过这种补充对话伦理学的方法，因为这一领域要求我们提出本体论问题，而这不仅超越了私人信仰范畴，还超越了公共理性产生的结果。这就是为什么我们重提深生态学家的研究角度，深生态学家从本体论层面反思生态学并且强调反思人类与他者关系的重要性。在不引进他律的情况下，生态学质疑了正义优先于善，也批评了本体论反思的停滞。

　　这种设计政策的方式会对辩论的组织方式产生重要的影响。影响的第一个含义是指，将盛行至今的配对，即代表和统治者与被代表人和被统治者替换为科学与社会。如同我们在布鲁诺·拉图尔推崇的双议院模式中看到的那样，科学与社会这一配对改变了我们对人类代表作用的看法，也使我们这些人的作用产生改观：时至今日，我们还在将我们的意愿选择托付给他们，放弃评定新实体进入共同世界资格的权利。在布鲁诺·拉图尔看来，这项权利并不由公民直接行使，因为在第一个议院中进行的商讨并不是全民公决，而且只涉及一定数量的人物，其中大部分人是专家。为了补充政治生态学内容，我们应该重新探讨公民参与到辩论中的条件。同样地，我们还应该研究怎样才能实现对环境问题决策的民主评估。

　　即便政治生态学不一定能够实现米歇尔·塞尔所推崇的自然契约，它却保留了自然契约精神：第三者介入，而它的力量则被科学所增强。此外，第三者处于辩论和国家的核心位置，即使国家是长年累月建造共同世界的产物，而这个共同世界接收、排斥、重新定义它与其组成部分，即人类和非人类实体的关系。然而，如果说在国家层面上，经过我们补充后的布鲁诺·拉图尔的方案很合适，那么它在国际上的表现又如何呢①？难道我们不能在谈判桌上引入一个与各个国家享有同样地位的第三者吗？

如果我们想从 2009 年 12 月举行的哥本哈根峰会上总结出教训的话，我们就应该承认阻止气候变暖和生态系统恶化的解决方法并不能在这样的体制中找到：只有各个国家政府受到邀请去发表意见并决定行动方针，而且不同国家政府的影响力也不一样。这些国家使科学意见适应于他们的目标要求（经济增长、生产目标）或适应于在经济、外交上与他们有联系的国家的发展要求的方式，与我们之前说到的政治决策者对待科学意见的方式如出一辙，政治生态学想要超越现有的这种形式：政治家们考虑专家们提供的信息，听取协会的意见，但是他们依然选择预先制定好的行动方针。在必要时，学者和其他利益相关者的意见也会反映到政治家们所选择的某些解决方案中，但是这些意见并不起决定性作用，也不会影响公共政策的施行方式。然而，把在地方层面可实现的制度（双议院）搬到国际上还是很困难的，尽管布鲁诺·拉

---

① 我们是这样补充布鲁诺·拉图尔的方案的：把这种万物代表制放到人类世大背景下，明确立法机关和行政机关的角色作用，给予公民参与更多的关注（本章节末尾花了大量笔墨强调公民参与），坚持主张把对话伦理学中的规则应用到审议中（尤其是谈及理性和情感之间的关系），指出学问、权力、社会三段式组织模式对于政策决定方式的影响。

图尔提议的议会模式与跨政府气候变化专业委员会 ① 非常相似，后者由政治代表和气候发言人组成，他们通过投票来决定物理性因果关系的可信度。我们可以认为，这一附属于联合国并于 2007 年荣获诺贝尔和平奖的混合型联合会缺少力量与威信，不能很好地代表全世界的公民。

为了代表第三者，除了专家们应该摆脱政治家们在哥本哈根峰会上将他们放逐到的次要地位以外，我们应该求助于这样一群人：他们能够表述生态要务，有和解意识，操心生态要务在现实环境中的适应性，有意愿表达居住在地球上的大多数人类的关切，并且意识到生态危机中包含的经济、社会、文明挑战。这个第三者以学者、非政府组织和协会、意识到这些重大问题的男男女女为代表，从而能够使自己的声音被听见并成为重要砝码。同样地，认为政治家们没有真正关心生态学的公民们或者控诉自身束手无策状态的公民们从此能够让别人听见自己的声音并重新对民主制度燃起信心。

如果我们认为在传统制度之余，有一股不反对它的跨国环境保护意识出现，而抱有这种意识的人并不会加入抗议运动或者另类全球化运动中，那么我们就应该让这些公民的声音被听见。与环境危机带来的文明挑战息息相关的这样一群

---

① 1988 年成立。参照跨政府气候变化专业委员会的第四份报告，斯滕报告，2007。

人聚集在一起，由他们代表"生地法则"能够缓和人们的激烈抗议或者封闭自守现象，这种现象来源于大部分人认为自己不受重视。这些现象的表现形式有很多种，它们包括：孤独的反抗，它使人渴望游离于社会边缘并拒绝为国家经济发展做出贡献；有时候带有暴力性质的有组织抗议行动；在网络上创建讨论论坛，这种论坛与公开辩论不一样，网友们倾向于与持有同样意见的人抱团，形成清一色的队伍，甚至是在网络上织出了封闭的"蚕茧"固守其中。而且，网友们更偏向于发布夸张过激（在这里我们不用"极端"一词）的言论。

在这里我们能够发现米歇尔·塞尔的某些预言并且重新回顾在理解和处理环境危机时对范围层次变化的重视意味着什么样的要求。而我们对范围层次变化的考虑来源于我们对人类世的承认。"生地"的概念包含了世界和人类，它们分别是生命和地球科学的主体与客体。它们表达了对 WAFEL 的共同关心，在《危机四伏的时代》的作者笔下，WAFEL 指的是水、空气、能量或火、大地和生命都有各自代表人的机制[1]。这种生地的代表意味着要建立一个生态学知识型机构，这个机构"聚集了所有生物，包括我们自己，还有它们共同生活中出现的所有被动情况，以及所有应用在它们身上的学

---

[1] 米歇尔·塞尔，《危机四伏的时代》，第 62、52 页。

问知识，从最抽象的数学到最细致的观测"①。科学家需要得到政治家们的倾听，但是科学家要独立于政治家，不依赖于所有捍卫其他利益而不是生命和地球事业利益的人。这种权力和学问的分离给予了米歇尔·塞尔灵感，从而编写出受众为学者的双重希波克拉底誓言，这体现出伦理学不仅仅是道德准则的应用，它取决于一个人是怎么样的人。②这种分离不是从生态学要求的复杂科学出发来策划政策的条件，也不是使生态学进入到民主政治的条件。但是如果我们想实现真正的决策权分享，这种分离就是必不可少的。第三者拥有自己的代表人方可使决策权分享成为现实，而这个第三者对谈判有着举足轻重的影响，它也强劲有力，因为它代替发声的公民规模浩大，一些支持它的组织和基金会财力雄厚，其中的某些成员在知识领域享有极高的威信。

最后，当我们说到由不同利益相关者参与的在国家内部举行的审议时，我们提到过民主意味着公民参与到辩论之中，并且提交审议的议题应该由议员和协会组织代表处一起坐下来讨论，将政府机构和公民社会以及非政府组织成员都团结在一起。这种搞政治的方式并不是为生态学所要求的新型治理方式做极其简单的辩护，它意味着政治文化的改变。这种

---

① 米歇尔·塞尔，《危机四伏的时代》，第68页。

② 米歇尔·塞尔，《危机四伏的时代》，第69-72页。

改变不仅包含接受 WAFEL 的代表，而且就像科学与社会这一配对一样，随之而来的还有个人更多地参与到政治中。这种参与是另一种个人与集体关系的解读，而该解读方式不一定是我们的自由民主制中理所当然的部分。然而，公民的参与是使生态学进入到民主政治中的必要条件。当我们在本书的第三部分讨论工作、团结意识和融合意识之时，我们会主要思考个人与他者的关系和个人与公共世界的关系。同样地，每当我们评估我们对集体的义务和集体对我们的义务时，我们也会讨论个人与他者的关系和个人与公共世界的关系。最后，每个人的参与使政治自主性成为可能，并使我们得到人类世所特有的一般概念，这种一般概念不同于黑格尔的一般概念，它来自对环境灾难的共有认识，即"在这场环境灾难中，无论是赢家还是输家"，无论是富人还是穷人，"破坏都是一样的 [1]"。

另一种政治文化

在这一部分，我们开始讨论分权问题，生态学思想家往往推崇权力下放，比如利奥波德和纳斯，即使纳斯越来越明

---

[1] 让-保罗·杜芒，丹尼尔·德拉特尔和让-路易·普瓦耶（出版人），《前苏格拉底流派》，巴黎，伽利玛出版社，1991，第 559 页。

确地承认国家层面和国际层面有必要规定一些标准[1]。问题在于怎么样才能具体执行一项环境友好型政策，而不是每向前走一步就往后退两步。我们需要研究如何推动个人参与到对其有影响的决策过程中去，从而使得标准的应用适用于当地经济、文化和地理环境。然而，解决方法并不是"从大局考虑，在地方行动"[2]，而是思考为什么公民和执政者都无法使生态学进入到政治领域或民主政治中，尽管我们发布了那么多宣言和准则。在这里，我们不再将思考焦点放在政治生态学所推崇的新型治理方式上，而开始考虑什么是实现大地伦理学所要求的政治文化变化的媒介。那么我们可以自问，生态学进入到民主政治中是否意味着人们从地方角度出发考虑问题并筹划准备一切，从而在整体范围内实现更恰当的行动。

纳斯在《生态学，共同体和生活方式》一书中问道：为什么政策都不起作用？这个问题在地方层面和全国层面都会被碰到，它涉及公共政策的组织方式。一个以"个别孤立和整齐划一的准则"为起点规划的政策，它的结果只能是"一片混乱，不相兼容的措施互相打架"，因为所有公共政策的过

---

① 奥尔多·利奥波德，《沙乡年鉴》，第 263-264 页。

② 我们选用了 R.杜博斯的话语。他认为这句话很符合涉及地区行政区域可持续发展政策的《面向 21 世纪的行动计划》。地方行政区可以与企业、公立大学、大学校以及研究中心一起合作，去想方设法满足城市网络和城市社区提出的要求。

程形态都遵照一个金字塔结构，而它的中间部分是空心的^①。我们都清楚知道哪些是要遵守的原则，哪些是要成功做到的事情（金字塔顶端，顶层准则），还有哪些是要达到的目标（准则的派生产物），但是"引领基本原则，比如自由、正义、幸福，走向用于实现这些原则的具体政策的道路还没有被探索出来，就像腹地深处的驿站依然是未开发的状态。最详尽的政治宣言，即使它提到了特殊的行动方案，也通常不能与基本原则相吻合，它总是按照过去政治进程的老路走"^②。

当我们目睹某些事情时，我们不得不赞同这一诊断结果，比如说推动权力下放和大学自主性的方案。这些方案不但没有解放相关者的创造性和适应地方环境要求，还增加了障碍，加强了官僚作风，官僚准则变得更死板、更具约束性，领导可以随意处置任何倡议。过去，老体制也是把创议牢牢把握在手中。另外，"中间部分表达的缺失"还造成这样的局面：人们试图改革一个机构或者创造一个更符合人口和经济变化带来的效率和公平要求的社会状况，但是人们却没拿出达成目标的方案，也没有努力去改变习惯和行为，使其符合目标要求。相反地，为了完成预期目标，人们会将一条准则产生的各种最终后果普遍化并将这些后果抽离出来，这就导致了

---

① 阿恩·纳斯，《生态学，共同体和生活方式》，第 127 页。
② 阿恩·纳斯，《生态学，共同体和生活方式》，第 127 页。

一些人会宣扬某些方法，就好像它们是成功的秘诀。

为了说明人们没有在金字塔中间部分下功夫，纳斯举了一个例子：关于挪威学校的规划[①]。这些规划方案确定道：学校是教给孩子生活态度的场所，生活态度主要包括真理、诚实、信任、合作。然而，考试与这些价值并不相关，这些规划中暗含的学校设计与以往一样狭隘短浅，它将学校矮化成一个向相互竞争的学生们介绍不同学科知识的地方。我们同样会想到，虽然我们承认伦理学必须成为护理人员和未来企业领导的根本关切，但是在医学院中，伦理学教学的内容相对匮乏。在商学院中，伦理学教学几乎不存在：只有准备考试时，人文和社会科学才会出现；教学大纲中没有涉及未来领导人应该知道的一些知识，这些知识能够帮助他们承担他们的社会和环境责任以及以更加公平有效的方式管理员工。这样一来，大部分属于中间部分的假说都是隐性的，而且它们与金字塔顶端——要达成的目标和政治改革是背道而驰的。"顶端悬浮在空中"而没有依靠中间部分的力量。然而我们应在中间部分多做工作，在与不同利益相关者就学校问题进行卓有成效的辩论时也应该探讨中间部分该怎么做，不同利益相关者是指与这个议题以及与议题囊括的问题有联系

① 阿恩·纳斯，《生态学，共同体和生活方式》，第128页。

的大众[1]。

　　这个教学的例子告诉我们，在提出任何政治提议以前，什么才是一个吸引公民参与的辩论要探讨的问题。金字塔的形象被纳斯用来描述执政者实施改革的方式，但这个形象并不能确切描述我们设计一项合理政策的方式，尤其是环境保护方面的政策。然而，认为所有信息都能够从底层反映到顶层去的想法是幼稚的。我们应该注重对一个机构存在意义的设计构想和强调开展公开辩论的必要性。只有从学校或者惩罚的现象学研究出发，我们才能思考意在纠正某些缺点的政治措施是否是恰当的。

　　我们还需要强调，质询政治纲领中使用的词语的意义，比如说公平、效率、融合、表现，是很重要的。根据人们在不同的正义领域考虑这些词语，我们对它们应该有不同的解读。就像迈克尔·沃尔泽证明的那样，不公平不一定就与同一领域内部的分配不均相关，不同于在同一家公司干着不同活的人拿的工资不一样，不公平出现在一个领域的物品——钱被用于换取另一个领域的物品——文凭或者总统任期[2]。同样地，当商品销售中的效率，例如造价不菲的汽车在一个月

　　[1] 阿恩·纳斯，《生态学，共同体和生活方式》，第128页。

　　[2] 迈克尔·沃尔泽，《正义的诸领域》（1983），译者：P.恩格尔，巴黎，瑟伊出版社，1997。

074　内的销量，被当成模板去衡量卫生服务机构的效率，去引导我们计量赢利率最高的手术或者被当成模板去评估科学产出（创造所花费的时间和创造物的质量应该以质量标准来衡量，而不是量化标准）时，不同的正义领域就被混淆在一起了①。

　　在中间部分下功夫意味着我们要关注使一项政治纲领的实施成为可能的习惯和措施，并且指出它们的适当性和适时性。然而，关于环境保护这一极为严苛的议题（环境保护要求生活方式和搞政治方式的改变），如果我们只是遵循个别的、孤立的、普遍性的准则（它们导致了一团乱的局面：措施之间互不兼容），我们就很难取得一丁点的成果。使生态学进入到民主政治中的工作在于传播。它涉及公民教育以及公民在一定程度上的政治自主性。政治自主性是任何成功的权力下放的必要条件，它甚至也是任何不会走向反面的权力下放政策必不可少的保障。

　　在教育和政治自主性这两点上，利奥波德的思考给我们提供了一个有趣的角度，他的思考是反直觉的，且第一眼看上去，他没有提出解决方案。利奥波德提到，在 1930 年，所

---

　　① 这就是医疗计费标准引发的问题。这种把某些医疗活动和它们的重复次数与资金分配联系起来的融资方法可能会导致公共机构特别注重一些收益性高的医疗活动，比如一些外科手术，然后做出一些违心的选择，不为病人着想也不关心公共财政；一些多余而无用的测试处方就是遵循了这种商业逻辑。这种融资方法还可能造成一些医生忽视收益性低的病患。

有人都知道威斯康星西南部的表土层正在向海洋流失。为了扭转这种现象，在 1933 年，农场主被告知，如果他们愿意在五年间采用某些补救措施，政府将帮助他们实现另一种农业畜养方式，向他们提供必要的人员和材料。所有人在当时都同意了这个提议。然而，五年后，农场主都没有再继续实施这些环保型农业措施。人们没有改变他们耕作土地的方式，除非这能给他们带来即时收益。农业文化没有发生任何变化。国家激励性补助本该是一种用来鼓励人们发展生态农业的暂时性措施，但它却被视为获得物质利益和实现收益的方法，而不是促进农业转型和新的农业措施长期化的手段。是否应该像利奥波德那样说，方法有误，"如果农场主们自己制定出规则，也许他们会懂得更快一些"①？

很快，这个问题就得到了肯定答案。1937 年，威斯康星的立法机关通过了土壤保护区法令。根据这个法令，国家承诺向农场主提供免费的技术支持，并借给他们机器，只要农产主制定好他们自己的土地使用规则。几乎所有的县都组织起来接受了这个帮助，这可能会让人认为权力下放是解决问题的方法。然而，十年后，没有一个县用文字制定出任何规则来。换句话说，想要主要利益相关者参与

① 奥尔多·利奥波德，《沙乡年鉴》，第 263-264 页。

到一项他们可以制定规则的政策中去，就必须要有一种政治文化：有意愿行使自己的政治自主性。这种参与同样要求一个相应的组织，比如说，在医学领域，学术团体会就一项法律在不同部门的实施发布一些建议并监督立法过程，这有时能够影响到某些政治决定，无论这些政治决定是由国家还是由地方机构出台的[①]。

最后，自主性首先让人想到希腊词语 nemô，意指分享，它包含了一种参与：用文字记录下来体验过的良好做法，指出相关方面遇到的困难或障碍[②]。这就是能使所有信息和经验传递到享有立法权的机构或负责发布许可的机构去的条件[③]。这种参与是一个团队或者行业协会的参与。这种参与也同样是个人的参与，当个人与团队里的成员一起参与讨论时，个

①　例如，2005年4月22日出台的《关于病人权利与生命临终状态的法律》。不同的学术团体都对生命临终状态和治疗中止这一主题做了大量功夫，尤其是法国麻醉和重症监护学会与法国减轻痛苦护理学会。这一法律规定采纳了它们的分析。法国的这项原创法律是安乐死和过度治疗的替代性方案，它提出了这个问题——处于休克状态病人的治疗停止决定，不同于（获得了大众支持，不如说是媒体支持的）比利时和荷兰的相关法律。参照 C. 佩吕雄，《破碎的自主性》，第53-74页。

②　雷米·卜拉葛指出了词语"自主性"的古老词源，词源不是 nomos——法律而是 nemô，分享。"有属于自己的份额的人是自主的"。参照《上帝的法则》，巴黎，伽利玛出版社，2005，第153页。

③　例如2004年创立的生物医学研究所。它负责分配移植物，向负责产前诊断的多学科中心和负责诊断植入子宫前胚胎的多学科中心发布许可。它同样批准了一些延伸实验（为了通过医学辅助方法出生的孩子），对胚胎和胚胎细胞的体外研究，胚胎干细胞的保存（留作科研用途）。

人发挥自主性并开诚布公地谈到在工作中遇到的困难，个人就更能为制定有效的集体准则出一份力。政治自主性意味着每个人的个人自主性，尽管被集体接受的准则并不是个人意见的总和①。政治自主性使得国家层面和地方层面之间的任务分担成为可能，地方层面可以是指地区或者是指需要规范整治的问题涉及的群体。然而，如果没有公民的个人责任感和群体、医生、农场主、教师的集体责任感的话，政治自主性只是一具空壳。

反过来，如果国家想将权力下放到地方机构，决心在制定法律时考虑到基层和实地的信息，那么国家就需要相信个人和集体有能力自我组织并提出适当的意见。此外，辅助性原则与简单的权力下放是有区分的，它是指将教育的责任、管理医院的责任交付给在一线并了解问题来龙去脉的人。当国家树立重重监督机构，专制权力比其自身规定标准规范时更具强制性约束性的时候，辅助性原则就没有得到遵守。

这些关于权力下放成功的条件的评语尤其强调了对个人态度的要求。每个人都可以从讨论中找出解决方案或者解决思路，而不是坐等国家帮助他们解决难题，然后对现状抱怨不已。这种遵守哈贝马斯提出的讨论规则并且像上文所说的

---

① C.佩吕雄，《重症监护中的自主性》《重症监护的伦理问题》，巴黎，施普林格出版社，2010，第3-11页。

那样对情感做处理的讨论在精神、方法、内容方面都不同于政治色彩浓厚的辩论或意识形态冲突，后者在工会中已是家常便饭。环境保护问题和对政治的理解（考虑到复杂社会面临的挑战）要求我们改变政治辩论的设计方式。

辩论中的对立不再与过去的意识形态差别有关，它是本体论立场和世界观的矛盾对立，就像我们在应用伦理领域中看到的那样。比如说在生物伦理领域，我们不一定能用左派和右派的矛盾来识别"代孕"的拥护者和反对者。"保守主义"和"进步主义"这两个词的意义不再与过去一样。在环境保护问题上，没有赢家也没有输家，因为我们所有人都会被环境恶化影响到。对于这样的环境保护问题，矛盾对立依然十分分明，但它们不再是"相信科学带来进步"和"对技术持蔑视态度"之间的冲突，它们超越了简单的增长或减少二元性。这些对立来自不同的评估结果，我们评估的对象是被看重的实体的身份以及我们对这些实体的义务。这些评估首先并且通常通过情感和反应表现出来，它们反映了本体论观点，我们对这些实体的定义，我们如何看待我们与自身、他者、其他物种、地球的关系。我们如何设计我们的权利和权利约束，我们怎样提出或者怎样拒绝提出存在权的问题，这些事情都牵涉在其中。环境保护议题掀起了重大的伦理和社会挑战，在各个方面都产生了影响，引起地球各地的反响。这些对立是关于环境保护议题的政治辩论的核心，它们是哲学方面的矛盾对立。这些对立是本体论观点上的对立，这指出了当今伦理学的任务，而宗教和政治意识形态都不能完成这项任务。另外，这些对立也是知识层面的对立，它们与接收信息，纠正一些思维模式相关。

这一点可以过渡到教育问题上。我们只能同意这个观点：如果没有优质的教育，就不可能有环保意识。像利奥波德那样，仅仅提到质量比数量更重要，应该重新谋划教学内容是不够的①。我们还应该指出，考虑到上述内容，如果我们想要使生态学进入到民主政治中，那么科学和哲学在文化和教育中就起着无可取代的作用。最后，掌握"对话论理"的规则，比学习宽容和正义（罗尔斯提出的做决议所需的两个必要条件）要难多了，堪比学习如何掌握一门语言。语言远不是一种无内涵无共鸣的沟通工具，它是形成和表达建议的地方，尤其包括这些建议颠覆了我们过去的确信时。在我们关注表达方式和实践讨论时，我们还要学习理性看待事情，对逾越和扰乱理性的事物保持开放的态度，同时保持一种更温和节制，不被超理性或非理性事物所诱惑的感触性。

---

① 奥尔多·利奥波德，《沙乡年鉴》，第 262 页。

公民参与和科学技术选择的民主评估

通过谈到第三者包含公民的发言人和坚持主张根据其职业和所属协会性质提供生态要务建议的个人要担负起责任，我们已经指出了公民参与到集体决定的重要性。这种参与意味着公民和执政者的政治文化需要发生改变，前者应该发挥政治自主性，后者则要普及推动政治自主性。这种思想心态的演变涉及公民和执政者之间的关系以及个人和集体、个人和一个不再仅仅是权利提供者身份的国家之间的关系。同样地，政治对立的内容也发生了变化：对其本体论立场的质询是伦理和政治解决方案的基础。并且，过去的意识形态割裂在当今不再具有现实意义。这意味着搞政治方式上风格的改变，包括竞选活动。这样一来，对于政治的激情也发生了变化。在这里，我们并不是要给这种现象找原因：现在一部分法国人对政治家持消极态度，但这并不是说法国人对政治漠不关心，一些号召人们顽固抗议或者走极端的舆论造势的成功也不能归结为这个原因①。然而，我们需要正视这些事实，了解应该实现的进步，从而告诉公民什么是对科学技术选择（这些选择会对环境和健康产生影响）进行民主评估的条件并

---

① 皮埃尔·洛桑瓦隆，《反民主：不信任时代的政治》，巴黎，瑟伊出版社，2006。

且设计公民参与到生态议题辩论的方式。

对此主题，从 2009 年在法国举行的关于生物伦理三级会议中吸取教训是有益的。在会议上，公民们加入了关于生物伦理的讨论。同样地，公民们可以在公民大会和纳米技术论坛上发表自己的意见。然而，尽管人们付出了巨大的努力，我们必须承认对法案和科学技术选择进行民主评估的条件还没有集齐。这样的断言意味着我们要将这些条件都一一列举出来，它们比简单地询问法国人民的意见，甚至是组织公民代表小组都更为严苛。有人过去曾经组织过公民代表小组，他们被要求给出集体意见 ①。我们会对组织方法产生疑问：召集一个公民代表小组，让他们给出集体意见，但是又不实施讨论的标准规范中的规定，这难道不是一个自相矛盾的指令？此外，我们也会对这些公民所接受的培训方式提出质疑。

生物伦理三级会议的组织方式是近些年走过的道路的缩影，它也预示着我们眼前的漫漫长路。政治家们想让法国人民参与到这些问题中去的想法是很明显的。同样地，公民个

① 参照多米尼克·布尔和丹尼尔·博伊列举的公民参与条件，《公民会议：使用说明》，巴黎，查尔斯·利奥波德·梅耶出版社，2005；米歇尔·卡隆等，《在一个未知世界行动：论技术民主》，巴黎，瑟伊出版社，2001。阅读这些著作之后，我们能够发现真正的公民参与和生物伦理三级会议的差距，尽管在一个充满科技挑战和生物伦理挑战的时代，后者是迈向更多民主的第一步。

人的参与也是不可否认的，我们看到在马赛、雷恩、斯特拉斯堡地区三级会议指导小组组织的会议上，在地方性伦理论坛上，在网络上，公民们都对这些问题给予高度关注和热烈响应[①]。然而，我们并不确定指导小组指派的人员在短短几天内给公民们的培训是否能毫无偏颇地向公民介绍问题和与待复核问题相关的重大事项[②]。

在这里，"毫无偏颇"是指注重客观性，这就要求展开对抗性辩论。在对抗性辩论中，受邀介绍一个做法中的伦理性问题的人员会做出多元化的讲解，并且他们不会拘泥于个人

[①] 所有主题共收到 1658 条信息。

[②] 这涉及向已婚夫妇和异性夫妇以外的同居时间小于2年的情侣开放医学辅助生育问题，代孕问题，冷冻胚胎死后移植问题，化验测试问题（产前诊断和对植入子宫前的胚胎进行的诊断），是否在捐赠器官和配子时保留免费和匿名原则，是否废除匿名生产的匿名方式，是否应该继续禁止对胚胎干细胞的研究，是否应该保留科研用（对于治疗有着重大意义）胚胎使用的特别准许情况和5年期限。参照2009年议会代表团在取得109人的听证后编写并于2010年春天提请议会审议的报告。这份报告包含了一些变化：向签订了PACS协议不少于2年的伴侣开放医学辅助生育；当配偶死亡导致生产计划中止时，特别准许冷冻胚胎死后移植；可以实现器官交叉移植，当捐赠者和受捐者发生器官不匹配问题时，他的亲属不能直接受益，但是可以让他在最快时间内获得别的器官；继续禁止体细胞核移植，在特殊情况下可以使用胚胎干细胞，废除5年期限，由另一家医疗性生物医学研究所来颁布许可证；不仅要做胚胎植入前诊断，还要监测21-三体综合征；收紧做基因测试的条件，尤其是那些网络上贩卖的基因测试。禁止代孕。2010年9月，国民健康部长，R.巴施洛提交了法案，同时表达了准许废除配子捐赠匿名制的意愿。

信念上的意识形态立场，而是会做一个全面的论证，将需要进行公开审议的问题的方方面面都展示出来。让公民接受培训名副其实的条件是发言人详细阐述问题并清楚说明不同立场的依据。发言人必须能给出科学技术上的工具和伦理学及方法论上的工具，从而使得大众能够吃透这些问题。然而，在大会上，一些介绍展示千篇一律，发言人的思想体系出自一家，人们总是搬出"伟大的见证者"来讲述他们的亲身经历，这一切都指出了关于生物伦理的三级会议和能够进行伦理考量的辩论组织方式之间的沟壑。

能够进行伦理考量的辩论要求人们将例子、记叙、信念、亲身经历和论证区分开来。除此之外，它还要求一种对应于跨领域工作的特殊方法论。网民在这些辩论专属网页上的留言显示出，在这些领域上不停滞于做证和信念宣示的水平来进行思考还是很有难度的，这些领域往往触发每个人的回忆，使每个人想到个人经历，甚至让每个人认清自己的价值观和信仰。这些留言同样也揭示了公民的参与度和成熟度，在大部分情况下，公民似乎都意识到了他们的陈述存在局限，很难将它推广开来或者是把它变成有效的集体或立法标准。然而，哲学以科学的态度抱持着问题意识，它的任务是鼓励所有辩论参与者说清楚他们的论证并使得这些论证具有有效性，而不是为五花八门的问题提供解决方法。

斯蒂芬·图尔明列举了构建伦理性论据的六条标准[1]。一项论据的描述必须具备清晰的数据，隐含保证、根据、模态限定词、例外情况和结论。这项需要花费时间的工作并不意味着，在一个领域可以成立的论据一定也适用于另外一个以不同角度研究问题并展示出问题其他方面的领域。有很多种论证形式，比如说，因果推理常常被用在对风险的思考上，而道义推理则看起来更受网民青睐。逻辑数学论证形式不是唯一合法的论证形式，建立在人文社会科学以及有另一套根据和真理标准的医学上的论证也是合法的，而人们常常将不同类别的论据混淆在一起，这说明跨学科工作需要有一套属于自己的方法论。

　　跨学科工作使由不同专业背景的研究员组成的团队能够进行集体思考。这意味着要测试不同论据的有效性。然而，这并不是对不同的论据进行综述，也不是对不同学科背景的专家们得出的结论进行折中处理。像这样的工作方法实际上等于没有工作方法，尽管政治家们在出席专家听证会之后作出的大部分决策都是对不同意见做了一个综合处理。政治家们这样做是想要发布建议或者是想要巩固政治代表们的既有立场和信念。

---

① 斯蒂芬·图尔明，《论辩之用》，剑桥，剑桥大学出版社，1958。

关于生物伦理和环境保护议题的论辩，它们的问题在于，公民和大多数讨论参与者一样，总是混淆论据。人们应该厘清论据，对其进行区分。但是他们不一定要将不同领域的论据并置在一起[1]。审议过程就是留取论据重叠并且得出同一结论的部分，即使论据的根据大不相同——这种想法还存在缺陷。我们还可以对这些论据进行分级排序，而这就是在听取不同专业背景的专家意见和考虑他们的论证之后开展的集体思考的开端[2]。

进行真正的伦理考量和对生物伦理选择、科学技术应用选择、环境保护选择进行民主评估的条件要求各学科之间分担任务，揭示出问题的多面性，而这些多面性往往出乎人类意料之外。因此，每一门学科的代表都要通过倾听其他学科代表的论证来体会研究问题的复杂性。他同样也会体会到综合所有意见的困难，跨领域思考不能抹去不同论证针锋相对带来的冲突，而是从中获取养分变得更加丰富。参与到问题考察中的不同领域代表人所实践的讨论规范要

---

① 弗洛伦斯·昆奇，《伦理思考》，巴黎，吉美出版社，2005。

② 贝尔纳德·瑞伯，《技术评估作为技术分析：从专家意见到参与式方法》，《公共分析手册：理论，政治和方法》，罗格斯大学出版社，2007，第493-512页。关于对斯蒂芬·图尔明的批评，参照 F. 雅克，《现代伦理学：复兴的机会》，皮埃尔-安东尼·夏戴尔，贝尔纳德·瑞伯，肯普·普拉默，《今道友信的生态伦理学》，巴黎，桑德出版社，2009，第 169-188 页。

求每个人阐明自己的思想，澄清自己的论证步骤、论证根据或前提，甚至是指出论证的局限处。此外，这种理性实践与跨领域工作的碰撞要求每个人都去考虑达成集体性思考的条件是什么，因为集体性思考源自跨领域工作，而不是在其之前就存在。

这种思考并不是对所有意见进行综合，即使在某些时候，不同意见的重合处会被保留下来，尤其是在跨领域工作推断出的结论部分。然而，做结论和发布建议并不主要是专家的任务。它们是政治家们的责任，政治家们来确定接下来的行动走向。伦理考量的结果在于不同论据的衔接和排序，为此，必须在论题目的与优先项这两方面加入哲学思考。最后，跨领域思考的主要贡献尤其在于我们可以从不重合的论据，从不同领域和不同观察问题的视角之间的冲突学到新东西。对于那些试图找简单方法解决复杂问题的人来说，这个贡献是令人扫兴的，但是当某人想要深刻理解现象，找出此现象在不同方面会产生的特别问题时，这种投入就是令人振奋不已的。这种投入也使人们可以更全面更聪明地研究问题，以跨领域的视角研究问题，即根据论证用适当的方法考察问题的每个方面，从而得出"解决之道"和要执行的政策。

进行跨领域思考的益处在于它可以让人们看清楚工作的复杂性（这项工作需要人们精通自己的专业领域同时对其他

领域充满好奇心，有研究意识，可以接受意外情况，将最严谨的理性和想象力结合在一起）并激发人们的创造性。这些好处可以使每个人都受到启发，而不会让政治家陷入不能行动的状态，让公民陷入沉寂缄默之中。政治家在构建他们的公共政策时不会再遵循前文所说的老一套做法，即提前设定好的纲领决定方法手段和行动计划，咨询专家的目的是为某个政治家提出的方案保驾护航或者帮他规避会毁掉他政治任期的风险。至于公民，他们对一些复杂问题的应对方案大为失望，当这些方案不侮辱他们的智商时，这个疑问和它所带来的一切都会使得人们求助于自己的理智，康德对思想启蒙运动的评价从未丧失时效性。

最后，大学和研究中心是进行教育培训的最佳地方。教育培训不是一蹴而就也不是转瞬即逝的，它要求有一个宁静的环境，媒体不会将其变成政治斗争舞台，它还需要一段相当长的时间，人们在其中学会耐心。因为没有教育培训，人们获得的信息就是不全面、不充分的，所以我们可以认为：如果教学大纲能更多地包含跨学科内容，如果社会人文科学能够成为未来的工程师、企业领袖、社会经济合作伙伴的必修课程，那么我们可以期望在中期就享受到这种知识组织方式带来的成果。对科学技术以及环境问题上的选择做出民主评估离我们不再那么遥远。生态学进入政治领域所要求的政治文化变化和审议机构改革也离我们更近了些。面临重大

088　　环境和社会挑战的科技文明要求我们进行这些改变和知识重组，在缺乏这两样东西的情况下，所有用来解决我们的问题的方法都不会增强而是削弱民主制度，使公民永远徘徊在两种状态之间：屈服与反抗，泄气与愤怒，被动和好斗甚至是极端主义。

生态学在等待属于自己的哲学？

再分析现阶段，人们需要问问自己，生态学是否真的接纳了哲学，而哲学能够鼓励个人和集体努力投身于阻止环境恶化的事业中。如果发生在生物物种和生态系统上的事不深刻触碰到人类的切身利益，人们怎么会愿意做出牺牲呢？同时，怎样才能建立一种这样的本体论观点：它会不会为哲学提供一种试图通过用大自然取代上帝的方法来填补政教分离后宗教留下的空缺的世界观？

这些问题同时指出了深层生态学的贡献和局限，它的贡献在于将对环境危机的思考抬升到本体论和文化层面，它的局限在于它无法为生态学提供与其自身发起的挑战相对应的思想。这些挑战是本体论层面和政治层面的挑战，它们包含了人类看待自身的方式的改变和看待自身存在与大自然关系的观点的改变。在进化演变现阶段加入人类地质作用、我们对大自然所做的事与大自然的反应之间的相互依赖关系内容，在从这种历史解读视角来进行的范畴革新中（范畴描述了个人与其他人类、其他物种的关系），政治和民主的意思也发生了改变。审议机构的改变以及改革方法、政治纲领的安排和实施方法的改变看起来是很有必要的。

我们之前研究的文本指明了几条思路，它们也使我们明白了我们通常所倚仗的伦理学和政治的不足之处。我们有必要对这种贡献做一个总结，它尤其与负面不确定性相关[①]。这样，我们就能够估量我们还需要付出多少努力才能使"改变态度，改变生活方式和治理方式"不沦为简单的口号，这一口号喊了四十多年，它们指出我们的社会组织方式有问题，但是却没有给出任何提议，为另一种发展模式打下基础。此外，这个总结还能使我们知道是否只有从大自然和生态学角度出发才能实现环境伦理学创始者们的心愿，是否主体哲学的改造并不能使人类更接近所定目标，而人类要为他们所期望的进化演变负责任。

深层生态学家坚持认为超越人类中心论是必要的，他们声称抑制环境危机的唯一方法是与人类位于造物中心的人类形象做决裂，这引起了不少争议。人权哲学家常常批评这种

---

① 让-吕克·马里翁，《负面不确定性》，巴黎，格拉塞出版社，2010，第17-19页。参照引文：笛卡儿，《探求真理的指导原则 VIII》，第16页：当我了解到我无法知道一个问题的答案，"因为困难的本质或人类条件阻碍我"时，"那么这种认识和揭露了事物本质的知识一样，它们都是一门学问"。

观点，而一些这种思想的拥护者往往又对此观点做了一种粗浅的逻辑解读，在他们看来，从笛卡儿到现代暴政，思想启蒙运动和政治自由主义都是万恶之源。然而，如果我们想知道生态学在何种意义上改变了哲学并给予我们手段去创造一个新的责任概念（不同于在目前伦理学和政治背景下得出的责任概念），我们就应该将这种歪曲原意的解读抛置一旁。从哲学不再将人类放在进化之外考虑时，从我们承认人类和其他物种、其他事物之间的关系不再同于全新世时候的样子起，政治和我们使用大地的方法就不能按照规划模式和这些范畴：手边现成存有的事物和应手存有的工具来设想了。

同样地，"此在"，《存在与时间》中"在世存在"的第三种方式，它的定义可能不同于海德格尔描述存在者（对于存在者来说，它的存在之中就包含存在问题），因为人在手的就是理解和揭示存在本身。他的在世方式是对"此在"所下的定义。不仅这世上有能够"赋予价值，进行评价"的非人类生物，而且世界的意义不是仅凭人类的感知器官决定的。壁虱的世界和人类的世界是不一样的，就像雅各布·冯·于克斯库尔指出的那样：吸引我们的不是同样的事物，我们对时间和空间有着不同的感知①。这种周遭世界的共存指出了动物的他异性，但是这并不妨碍我们呼吸着同样的空气，环境恶化既威胁着人类也威胁着动物的生存。我们应该分析这种周遭世界共存的意义，指出是否在这种共存中动物有着自己的存在或者是否就像海德格尔说的那样，这些动物只是存在于我们之中，我们还要说明我们之于驯养的生命和以某种方式被带入人类世界的生命的责任。为了能够说明只有人类是存在的，只有人类拥有此在，我们就应该要证明像动物和植物一样"赋予价值，进行评价"，捍卫生命和做出反应的简单事实，像物种一样在时间长河中保持身份的简单事实都不足以构建一个世界，而这与认为一块蜡具有广延性，其状态繁多，并将其构想为"如其所是"②的事实相反。此外，还尤其应该说明除了来自"如其所是"架构的进入世界方法以外，没有其他进入世界的方法，并且指出动物只是做出反应，它的行为并不构成一种回应。

在《破碎的自主性》中，我们已经指出有限性〔意识到"我"可能会死，我独自一人背负存在的重担（向来我属性），

---

① 雅各布·冯·于克斯库尔，《动物世界和人类世界》（1934），译者：P. 穆勒，巴黎，德诺埃尔出版社，1965，第 17-30 页，35-43 页。参照 C. 佩吕雄，《破碎的自主性》，第 259-267 页。

② 马丁·海德格尔，《形而上学的基本概念》，第 6 章。

我可以预想到我的生存的不可能性是可能出现的〕不是唯一用来考量死亡的方法也不是获得一段时间性的唯一条件。这就是描述处于生命末期的病人和身染神经系统疾病且丧失记忆的患者的存在方式的关键。规划和心愿，寻求自身的真理或者自我占有，个人和公共世界的关系（被视作实现自我肯定的跳板和失效或非真理的初始场所），这些东西在面对极端情况时都受到了质疑。在现象学层面上，这些极端情况显示出海德格尔的这种思想尽管很有说服力，但它不具有普遍意义，此外，对极端情况的回顾使我们看到海德格尔排除在外的东西，它也指引我们发现了海德格尔思想的特殊气氛，海德格尔的思想是一种自由且在某种意义上孤僻的哲学，对政治抱有不屑的态度。对于动物问题的描述完善了海德格尔的审思，同时也推动了脆弱性伦理学的编写，脆弱性伦理学涉及了人类对其他实体，即人类能理解其周遭环境的生命，以及生态系统（人类不一定真正了解它）和大自然的责任。关于生态学的这部分是这项工作的延伸内容：此工作的长期目标是提出一些要素，为建立一个更加公平的社会和政治组织结构打基础。

然而，即便深层生态学的创始者们没有向我们提供可以取代海德格尔存在理论的范畴，他们探讨的问题和对于主体哲学的批评都使我们明白了究竟是什么让我们，甚至是海德格尔和莱维纳斯的思想，不能应对现在的环境和社会挑战。

我们并不从深层生态学家身上寻找对于我们问题的回答，也不从中寻找补充论据来批评现代性和西方世界，我们需要的是一种最初的启发，这种启发要求我们比考虑生物伦理问题困境时更加深刻地讨论脆弱性伦理。

利奥波德的大地伦理学要求提出大地的非工具性概念并把人类置于进化范畴中，罗尔斯顿的价值理论指出将重心放在自己以外的事物上来思考什么有益于生态系统是必要的，政治不仅仅事关人类群体还牵涉"多元世界"，而其组成事物与我们相互依赖，这些观点震撼了哲学。从此，当我们阅读康德、海德格尔、莱维纳斯的著作时，我们就会想到这个环境危机暴露的前所未有的状况，而伟大的哲学家们还没有真正考虑到这个状况。此外，生态学会带领我们去思考脆弱性伦理学要求的政治变化。

然而，尽管生态学家做出的这个贡献很关键：生态学迫使哲学对自身产生了彻底的质疑，他们却没能提出一套他们所期待的哲学。这也是为什么生物学家把每个人对于其生活方式和其价值观背后的本体论观点的衡量放到情感或个人经验之中去谈。同样地，生态学家对于权力下放的理解也相当肤浅，他们号召公民注意自己的消费选择，在选举过程中保持警惕不要上当受骗，去加入各种各样的社团，再让"国家负责余下的事情"①。这种解决方式使生物学进入政治领域变得不确定。此外，如果政治生态学是民主的并且要求公民的参与投入，那么这就意味着还有某种政治文化与它同行。这种政治文化与生态学家的口号相反，它意味着只有从地方一级好好考虑问题，人们才能希冀影响到全球性决策并构想适应于生态要务国际治理的制度（这些制度包含对国家之间的公正关系的重新定义）。最后，环境保护意识必须建立在坚实的哲学基础上，才能不沉沦于意识形态的深渊中。

确实，与生态学家渴望的政治纲领相配套的本体论观点的缺乏可以用这种合理的担忧来解释：他们惧怕用一种普遍主义政治取代形而上学的世界观，前者可能是一种教条主义，如同卢克·费里揭露的"大政治的海市蜃楼②"一般，而后者在个人层面上则十分有价值。然而，即便纳斯的"八点纲领"可以作为标准指导公共政策的规划，人们也不能仅仅却步于这项提议。

我们并不试图提出一种普遍性政治，我们的目标是提出一些范畴来帮助我们明确人类对其他物种和大自然的责任。然而，我们的假定是生态学家们的失败是一个教训：也许不可能从大自然出发，再建立一种不同于主体哲学和海德格尔

---

① 奥尔多·利奥波德，《沙乡年鉴》，第262-263页。

② 卢克·费里，《生态新秩序》，第216页。

思想的本体论观点。这样的说法意味着环境伦理学不是考虑生态迫切需要的最有效公正的途径，尽管人们通过它实现了一种包含多种环境保护标准内容的政治，比如尊重生物多样性。这样的出发点恐怕会导致教条主义以及产生一些理论方面还不够完善的提议，如同纳斯的"八点纲领"一样。再者，只有通过另一条途径，即改革主体概念，人们才能守住与今日跨国界环保意识的诞生相关的承诺，跨国界环保意识证明了生态学对人类思想起到了深远的影响，并且生态学还要求民主政治发生天翻地覆的变化。

不同于卢克·费里，我们并不认为生态学必须放弃作为一种政治生态学才能与民主政治和平相处①。一旦我们理解了生态学带给伦理学、政治、历史解读的改变，我们就能清楚地看见生态学要求更多的民主而不是更少的民主。问题在于生态学带给哲学和民主政治的改变要求丰富古典人文主义内涵。只有以另一种方式考虑主体，只有深入研究脆弱性伦理学，我们才能期望自己与思想启蒙运动和新思想启蒙运动的眼界靠得更近一些。因此，为了使我们的研究（这项研究能使我们建立一种可以支撑更加环保的发展模式的伦理学和政治）有进展，拐弯谈谈别的问题是有必要的。这项研究使我

---

① 卢克·费里，《生态新秩序》，第216页。

们走上了构建另一种看待主体方式（它可以创立另一种社会模式并使得生态学进入民主政治领域）的道路上，而动物问题是研究过程中重要的一环。

海德格尔在1929—1930年的讲课中探讨了动物问题。这个问题使我们对过去看待人类本质的方式产生疑问，并极大地扰乱了海德格尔的操心本体论观点。动物问题被海德格尔置于对世界、有限性和孤独的拷问的大背景下，它要求，就像德里达提到的一样，重建本体论的基本范畴和重新理解伦理学、政治和民主的含义[1]。

人们考虑到动物的多样性并认为成为存在者的方式"增加了"[2]，他们不再从动物可能没有的人类特性出发来看待动物。同样地，人类具有这些特性，这成为一个问题而不是肯定陈述[3]。当动物行为学和灵长目动物学将人类和动物的边界线移开并把我们放入"生命延续性"的范畴中时，一个所有

① 雅克·德里达，《应该好好吃饭或盘算主体》，《省略号》，巴黎，伽利略出版社，1992，第281页；《我所是的动物》，第219页。

② 同上，"我的策略更多在于增加'如其所是'，在于指出在某种意义上，人类也被'夺走'了这样东西（不是侵夺的侵夺），纯粹的'如其所是'是不存在的，而不是简单地把话语权还给动物或把人类夺走的东西给予动物。看！这意味着要彻底地重新解读生物，但不是依据'生物本质'或'动物本质'。这是个问题……自然而然地，我不隐瞒，这个问题十分彻底，它涉及'本体论差别''存在的问题'海德格尔论说的所有框架"。

③ 雅克·德里达，《疑难》，巴黎，伽利略出版社，1996，第131-138页。

具有敏感性的生命所共有的特点成了最可能建立一种更公正的社会政治组织结构的要素。考虑生物的脆弱性，这并不是抹杀掉人类和动物之间的差异，而是指出我们对这些生物的责任：它们可能会受到我们的虐待，并且由于我们的发展模式，它们的生存和栖居地越来越受我们的影响。当我们拷问我们和动物的关系的时候，另一种人类概念和对正义的全新理解也牵涉在其中。

这个研究与海德格尔对人类本质和动物性本质的提问不同，它涉及对法律主要概念的检查，它将成为第一部分——生态学和第三部分——社会，工作结构和残障人士的融入的过渡部分。通过评估我们对动物使用的暴力，我们揭示了我们过去构建发展模式的问题之处。这种动物对人类发起的质询是否能够使我们更好地理解我们与人类兄弟之间的关系呢？

2

. . .

动物和我们：
他者的他者和正义的考验

. . .

"不管人们如何解读它，不管人们从中得出什么样的实践的、技术的、科学的、司法的、伦理学的或政治的结论，没有人能够否认这个事情——这种空前的对动物的征服……不是把这些画面放在你眼前，这样就太简单了并且无穷无尽，我只说说'痛苦'这个词。如果这些画面是悲惨的，这同样是因为它们悲惨地提出了悲惨和病态的问题，确切来说，关于痛苦、怜悯和同情的问题。人们需要解释这种同情，并考虑到生物间的痛苦分担、法律、伦理、政治，它们都应该与这种同情的体验产生联系。因为从两个世纪以来，新的同情感的考验出现了……这是关于怜悯心的战争。这场战争正处于重大阶段。我们正经历这个决定性阶段，这个决定性阶段也在经受我们的考验。想到这场战争，这是一种需要也是一种约束，无论情愿与否，谁也不能够直接或间接地逃脱这个约束。自此以后并比任何时候更甚。我说'想到'这场战争，因为我认为这涉及我们所称的'思考'。动物注视着我们，我们浑身赤裸地站在它面前。思考或许从那里开始。"

雅克·德里达

《我所是的动物》

从动物保护到法律和正义

动物福利概念的含糊性

如果动物问题是哲学对司法进行发问的场所，这不仅仅是因为这个"本身就很高深莫测且困难"的问题代表了一道边界：其他重要问题以及所有用来界定"人类本性"[1]和从此出发定义能够享受司法保护的权利主体的概念都需要在此界限内确定下来。

在法国法律中，动物受法律保护。此外，还有一些国内和国际上的动物保护组织。它们谴责人类在利用动物时对其进行残酷虐待并致力于改善动物的生活条件，监督相关法律的实施情况。关于动物保护的欧盟理事会指令已经被欧盟委

---

[1] 雅克·德里达，伊丽莎白·卢迪内斯库，《明天会怎样：雅克·德里达与伊丽莎白·卢迪内斯库对话录》，第五章，弗拉马里翁出版社，2001，第106页。

员会投票通过，这一指令呼吁养殖者、圈养动物所有者以及对动物进行实验的人员要重视动物福利。然而，当人们对受保护动物的地位以及法国法律内部的矛盾，甚至是一些条文，比如世界动物权利宣言内部条文的矛盾之处进行思考时，就会发现法律论述不一定是一个思考我们与动物之间关系的好平台。

如果人们想知道为什么在法律条文以及各类宣言不断增加，公众舆论大力参与话题的情况下，动物保护状况没有得到改观，反而不断恶化的话，我们就需要谈谈这些内容：分析用来管束动物饲养和圈养条件的哲学概念，并对立法者们的踌躇犹豫进行质询。这些内容同时也能突出那些投身于动物保护事业并在协会中工作的人所处的特殊情况：他们倾向在事后进行谴责，但不会直接否认一个建立在将动物视为家居用品或者赢利产品来剥削基础上的体系。这些人同样也不会为这些脆弱而无法维护自身利益诉求的生命进行抗争，为它们争取权利，他们仅仅限于捍卫动物的利益①。然而，这群人主张动物是有感觉的生物，要求对人们的行为予以限制，他们隐蔽地质疑了这样一套生产体

---

① 弗朗斯瓦·波盖特，《养殖动物保护组织的要求》《养殖动物是否有权享受福利？》，弗朗斯瓦·波盖特（主编）与 R. 丹特泽尔合编，巴黎，国家农业研究院出版社，2001，第 65-66 页。

系：饲养业宛如工业，它否认了动物的需求和动物的易感性，动物沦为"热动力机器"和"控制机械"[1]，而人们可以使其所带的功能发挥出最大效率。

作为工业化饲养基础的动物概念与笛卡儿或马勒伯朗士所持有的动物概念不同。试图实现畜养动物功能最大化的人们承认动物是一种有机体，有别于机器。而笛卡儿则将动物的痛苦变为虚幻，他去掉了动物的精神和情感方面，在这种情况下，动物的痛苦只是一种单纯的伤害性刺激；畜牧学家则知道动物感觉到疼痛、紧张或害怕。然而，被圈养在畜栏的小牛无法向边角处伸展腿脚并且必须按胸腹卧位躺下，所有它们所承受的束缚在他们眼里都不足以使他们废除掉这样的圈养方式。从动物生存在工业化饲养环境的那一刻起，它们的痛苦就一点都不重要了，这些人的衡量工具不会在意它们的痛苦：动物遭受的痛苦不会使人们停止对它们的幽禁束缚，或是停止将小牛圈养在畜栏，停止将怀孕的母猪绑起来，人们只会改善饲养手段。

抱着这样的想法，欧盟指令 1999/74/CE 规定扩大蛋鸡的

---

① 卡瑟琳·拉瑞尔，拉斐尔·拉瑞尔，《动物，生产机器：驯养合约的破裂》《养殖动物是否有权享受福利？》，第 9-10 页。在密集型饲养业中，动物不是时钟，而是一个自带自我调节机制的热动力机器，而畜牧学则一心想要实现这一机制的最佳效果。同样参照卡瑟琳·拉瑞尔，拉斐尔·拉瑞尔，《动物机器时事》《现代》，n°630-1,2005，第143-163 页。

鸡笼面积，从 2012 年起，鸡笼面积由 550 平方厘米变为 950 平方厘米[①]，这相当于每只鸡占有一张明信片大小的面积。同样地，鸡笼结构变得更加丰富，在 10 厘米处的高度有一个栖架，蛋鸡有可使用的鸡窝，在大部分情况下鸡窝是塑料材质而不是用沙子或草搭建成的，有装置用来剪短蛋鸡的鸡爪，这些都显示出旨在提高动物福利的这些指令和工业化饲养的逻辑其实是一致的。这些指令没有从问题的根源处去解决它，仅仅只是谋求解决这样的体系（迫使动物适应批量生产的需求，批量生产的模式就是福特制[②]）引发的表面后果。因此，这些指令令许多动物保护协会大为失望，它们曾经认为"动物福利"[③] 概念的引进和它们与欧洲动物福利组织以及欧洲一

---

① 弗朗斯瓦·波盖特，《动物的自由和忧虑》，吉美出版社，2006。伤害性刺激是一个感觉过程，它来自产生痛苦的神经信息。

② 福特在参观了芝加哥屠宰场之后想到了这个点子。参照查尔斯·帕特森，《永恒的特雷布林卡》（2002），译者：D. 勒特里尔，巴黎，卡勒曼 - 勒维出版社，2008，第 112-123 页。作者引用了亨利·福特，《我的生活和我的作品》，巴黎，佩约出版社，1926，第 78 页。

③ 1992年，农场动物福利委员会提出了五个自由：免受饥渴或营养不良状况；免受不适；免受伤害和疾病；免受恐惧和痛苦；能够表达物种的正常行为。彼得·桑多还加上了两个准则：保障动物的社会性，尊重动物的完整性。参照 C. 冈波吉，A. 奥利森，P. 桑多，《伦理报告：农场动物繁殖的伦理关切》，丹麦生物伦理和风险评估研究中心，2005，第 13 页。

些机构的协同行动能够改善动物的命运[1]。

因此，冲突并不发生在将动物当作机器对待的一批人和将动物看作具有感受性的生命有机体的一批人之间。真正发生对立的是两种不同的对感受性的理解。对于畜牧学家来说，福利是以简单的否定形式来定义的：福利是指免受痛苦或免受精神紧张（这使动物无法适应饲养或圈养环境）[2]。从这一角度看，感受性不包含任何精神心理因素，它仅仅被看作是一种通过感官做出反应的能力。这种解读植根于肉体和灵魂关系的二元观念，它同样支持了内部世界和外部世界是分离的这种描述。这种解读还建立在现象学已经指出其局限的哲学观念上，因为意向性（它指所有主体和客体都内含于彼此中）

---

[1] 欧洲动物福利组织由英国防止虐待动物协会于1980年创立，它的总部在布鲁塞尔。它致力于引进、采纳和应用关于动物保护的欧盟法律。这是动物保护组织的欧洲联盟。从1997年开始，动物保护委员会（CNPA）、全国动物保护团体联合会、援助动物基金会、布丽吉特·巴尔多基金会，它们以欧洲动物福利组织-法国的名义集合在一起，在欧洲动物福利组织中代表我们的国家。弗洛伦斯·波盖特，《养殖动物保护组织的要求》，第80-81页。

[2] R.丹特泽尔，《如何研究动物福利的生物学？》《养殖动物有权获得动物福利吗？》，第97-101页。

和肉体的概念同样适用于动物 ①。

　　相反，动物利益捍卫者和动物生态学家却重振了感受性概念，从而完成了现象学家的心愿。感受性不仅仅是指能感受到痛苦和愉悦，它也依赖于动物本身的复杂性和其特别需求。我们不应该从本能这一过于简化的概念出发去看待动物的特别需求，特别需求与动物的行为有关 ②。这个概念在现象学上强调了生物与其生活场所的辩证关系，抹去了本能与智慧之间的边界，驳斥了动物只是做出反应，而其反应不是回应的观点 ③。这个概念还意味着，按照将意向性应用到生物上的雅各布·冯·于克斯库尔的说法，动物有周围世界。我们需要从某个现象对于某动物的意义出发，去理解这个动物需要什么，为什么猪在没有人投食的情况下会为不能够到处翻找而痛苦，而在人们给它投食以后又开始到处翻找，重复着刻板动作。

---

　　① 即使胡塞尔没有想过这个问题，在胡塞尔的著作中，动物有一个生态结构，动物是活着的有冲动性的肉体。埃德蒙德·胡塞尔，《笛卡儿的沉思》(1929)，巴黎，弗杭出版社，1980,52 节，第 97 页。同样参照《胡塞尔全集》第 15 卷，第 613-627 页，1933 年手稿，nº35，《静态现象学和遗传现象学，熟悉的世界和对外物的理解，对动物的理解》，译者：R. 布兰德梅耶，Ph. 卡佩斯坦，A. 蒙达冯，发表于《Alter》，nº3,1995，第 214 页。

　　② 雅各布·冯·于克斯库尔，《动物世界和人类世界》，第 56 页。

　　③ 查尔斯·达尔文，《本能》(1884)，巴黎，时代精神出版社，2009。

　　我们也不能从空缺和圆满的模式去思考需求的夺取，就好像给动物喂食就足以使其恢复平静。一旦人们放弃了对生物的机械描述并开始重视动物的行为需求，即动物需要行动才能活得好和实现繁荣发展，需求和欲望的界限就变得越来越淡。人们就能懂得为什么既不能抓地也不能展翅的蛋鸡会感到沮丧，而这沮丧感使其痛苦且变得格外好斗。在这里，福利的概念超出了行为分析的局限性，行为分析使人认为个体们拥有一种行为潜力，而基因因素或多或少地决定了这些行为。当人们将福利概念与繁荣发展概念放在一起看待时，福利概念就变得更加丰富了，并且获得了一种积极的补充。繁荣发展的概念与动物行为需求有关系，这些需求的满足可以让一个动物享受活着的美好，而不仅仅是生存。这个概念同样也指动物与生活环境之间的互动方式，动物的适应方式和表达方式。

　　如果说雅各布·冯·于克斯库尔坚持主张每种动物都有自己的"环境界"，甚至是最简单的生物也有"环境界"，"环境界"是指动物与之进行互动并根据自身感官结构来划分的场所，那么他还补充道，复杂动物，比如说哺乳动物，它们则有一个"反世界"：它们会将它们的外在世界内部化，而这个反世界就是这一内部世界的投射。养殖场的动物远不是只会进行反应的简单有机体，它们有产生自我意识的结构和情感情绪，也就是说，它们有心理状态，这些心理状态呈现了它们的内部状态和它们每次认知世界的方式之间的相互变化 ①。因此，当环境变得贫乏无趣时，它们会感到沮丧。当它们不能与同类或者其他种类的动物，甚至是人类进行互动时，它们就会感到无聊和孤独。相反地，它们会像动物园里的黑猩猩一样，看到游客就十分好奇。伤心、快乐、担忧、沮丧、害怕和对新事物的渴望，这些感觉不是人类独有的特点，所有动物和人类都具有这些感觉。与其他动物以及与人建立关系的动物存在着并且互相出现在对方面前 ②。此外，如果我们不知道这个道理，出生在笼子里并生长在有人存在且受同类关爱的社会环境下的猿，它们的行为就是难以理解的。它们的身份与这段经历相关，这就是说，我们与我们带进人类世界的生物（比如动物园里的动物）之间的正确关系要求我们重视生物与环境构成的已有联系，将这些联系粗暴地切断会引起动物的巨大痛苦。

感受性的重构是此论辩的核心内容：什么是我们和动物的关系中的正确取向。感受性使动物成为一个至少有权利看

---

① F.J.拜腾狄克，《论动物心理》，译者：A.弗兰克-杜克斯涅，巴黎，PUF 出版社，1952。

② 莫里斯·梅洛-庞蒂，《自然》，法兰西公学院，1956-1960 授课内容，多米尼克·塞格拉尔德整理，巴黎，瑟伊出版社，1995，第 247 页。作者引用了阿道夫·波尔特曼，《动物的形式》，译者：乔治·雷米，巴黎，佩约出版社，1961。

到自身动物行为需求获得尊重的主体。感受性同样是关于使用福利概念的冲突的关键。福利概念本应该帮助人们重视感受性因素并使其成为伦理学甚至法律的基石。然而，在一些畜牧学家和致力于评估农场动物生活条件的研究员的研究中，福利概念变成了维护工业化饲养的工具：人们让动物适应的生活环境仅仅符合福利的负面定义，即没有疼痛或者人类可测量的痛苦，福利被量化。被这样使用的福利概念导致了一种局面：法律和伦理学都成为支持工业化饲养的工具。

研究动物保护的法律意义和动物保护组织的重点在于了解动物是否不是个体化主体，即一种会牵涉司法问题的敏感生物。这个问题包含着确定人们认可的动物（不是我的同类，他者的他者）权利类型，但此问题不限于此。它要求进行更深层次的探索。这个探索发问不仅隶属于伦理学范畴，即对动物遭遇的评价和我们对动物的感情，它还要求我们将这两个层面与本体论联系起来，只要我们不把对动物存在和动物主体类型的思考与对动物性本质的评估（此评估从"人类本性"出发定义动物性本质）混淆在一起。

难道不正是因为人们过去从这种假定前提出发：人类有权影响牲畜的内部构造从而使其能够适应笼养环境，法律才有失公正吗？同样地，尽管动物福利的概念与认可动物的特有需求联系在一起，此概念却往往被用来衡量动物的表现和

110 适应情况，看其是否适应工业化生产的复刻版体系①。是否应该像德里达那样，认为法律必定会延长人类征服动物的推论或认为我们和动物之间的现有关系证明了一种深刻的不公正，而这种不公正会侵袭社会生活的方方面面②？

人们可以反思一下这种本末倒置的情况，它使人们强迫动物适应一种生产体系从而能够满足量产制造品的需求，然而在饲养、农业和工作中，正确的方向应该是首要考虑人们利用或使劳动的生物的特别需求，然后根据此来构建生产环境。密集饲养是不公正的：它体现了人们把具有感受性的生物和事物混为一谈。而且这种混淆显示出我们变得冷酷无情。人们道德感的滑坡与这种冷酷化有关，首当其冲的就是同情感，而道德感是滋养正义感的养分。伴随这种冷酷化而来的是一种生产力和表现绝对至上的发展模式。我们的社会组织结构的这种特点可能会蔓延到工作领域以及人际交往中。因此反思适用于动物的正义是正义的考验。正义的考验包含构建法律范畴，这些法律范畴要超越事物和人的二分法并且引领我们以另一种方式思考主体，就是说在另一种主体观念的

---

① 弗洛伦斯·波盖特，《动物福利：科学们的答案》，《养殖动物有权获得动物福利吗？》，第 105-133 页。

② 雅克·德里达，伊丽莎白·卢迪内斯库，《明天会怎样：雅克·德里达与伊丽莎白·卢迪内斯库对话录》，第五章，第 110-111 页。

基础上创立法律，包括人权，这种主体观念要使我们想到我们对所有他者的责任，我们要从他者物种的特别标准出发并参照其历史来理解他者。

否认动物遭罪的弥补之音

动物保护组织成员所要求的并不是动物的法律地位的修改。当动物被家养、驯化或者笼养时，它就受产权法支配。相反地，野生动物则属于无主财产类别并且不享受任何个人保护措施，除非它们是受保护动物。然而，世界农场动物保护协会①不仅不支持蛋鸡笼养方式，它还试图维护无法自己改变幽禁环境的动物的权益。动物是一种脆弱的生物，因为它们需要他者来维护自己的利益并代表自己，还因为它们始终面临威胁。因此，动物保护不仅仅在于建立一个动物代表机构，它同样在于承认动物受到了虐待。

人们因此可以这么说：保护动物不过是"权宜之计"，它的目的仅仅只是"确保对动物的剥削不要超出其现有形式"②。然而，如果动物保护协会的策略是在人们剥削利用动物的时

---

① 1994年，在法国，格希莱恩·祖科洛按照世界农场动物福利协会（彼特·罗伯特，奶牛和蛋鸡养殖户，于1967年在英国创建了世界农场动物福利协会）的模式创建了世界农场动物保护协会。

② 动物保护同样也追求改变人类的心理和做法，弗洛伦斯·波盖特补充道。《养殖动物保护组织的要求》，第66页。

候来保护它们的话，如果动物保护协会的最紧迫和即时目标是避免动物生活环境的恶化或改善动物生活环境的话，这并不妨碍人们在目睹动物遭受难以忍受的痛苦和感觉到这种暴力只会加剧后开始开展动物保护运动[①]。如果人们想理解有关我们与动物的关系的事情的话，人们不仅仅需要反思动物剥削体系，还需要反思这一体系说明的问题，即人们容许自己肆无忌惮地利用动物。

是人们与动物之间毫无悔意的征服关系还是法律条文或欧盟指令与现实之间的冲突帮助了我们分析人类对动物遭遇暴力事实的否定呢？人们可以自问一下，在我们拥有这些法律条文并对动物饲养条件、育肥、运送和屠宰过程进行视频拍摄的情况下，否定抵赖是合法的吗？怎么解释，在一方面，我们乐意承认动物至少享有被尊重对待的权利，大部分人被问到对工业化饲养的看法时都予以谴责，在另一方面，我们容忍"组织和利用一种人工的、地狱般的、几乎无休止的动物生存，过去的人都会认定这种环境是残暴的，超出了动物特有生活的所有假定标准（这些动物由于它们的持续存在或者过度增长而被灭绝）"[②]？

与德里达所说的相反，我们并不确定人们是否会用尽一

---

① 弗洛伦斯·波盖特，《养殖动物保护组织的要求》，第 66 页。

② 雅克·德里达，《我所是的动物》，第 47 页。

切手段"掩饰这种残暴，或是对其视而不见，以在全球范围内组织对这种暴力的遗忘和无知"①。抵赖，与拒绝或否定不一样，它是知道某些事情从道德角度看是有问题的，并且为这一事实所烦恼，但是不愿意正视这个现实也不愿意公开承认自己的责任。对一个人或一个群体来说，抵赖包含着实施一些策略使这一事实不会扰乱他们的生活，并且使他们能够或多或少默默地忍受这一现实，甚至是问心无愧地将这一现实合法化。然而，如果说法律，就像我们接下来看到的那样，现在显示出了人们的犹豫踌躇，那么它没有质疑这种抵赖模式吗？

这种抵赖建立在认为动物没有痛苦的理由或者物种歧视上，物种歧视指认为折磨动物、在猪栏养母猪、阉割小猪都不要紧，毕竟它们只是猪，只是为人类提供食物的牲畜的这种观点。抵赖是一种自我保护机制，它可以用来减轻一个事实的残暴性，为一种行为做辩护并否认这种行为的不公正性，从而仅仅承认这种行为是不可避免且悲剧的。肉类制品和动物实验常常被描述为"必要之恶"，这就是一种抵赖。然而，工业化饲养也是这种情况吗？工业化饲养并不是必要的，因为人类在过去很长一段时间都是散养动物，集中式体系以及

---

① 雅克·德里达，《我所是的动物》，第46页。

114 现在的屠宰条件相对来说都是最近才出现的。这种论据并不适用于密集型饲养的情况：这样或那样的导致动物受折磨并死亡的行为是不可避免的，这是一个悲痛的时刻，也是"用恶劣行为换取好处"的时刻。该论据不能构建一种策略来维护抵赖的通常程序。如果有人认为"抵赖"这个词语也可以用来定义我们对于现有的饲养和屠宰条件加之于动物身上的痛苦的态度的话，那么还需要补充道，"抵赖"在这里的意思并不是指我们试图佯装不见我们与动物之间关系的残暴性，以及这段关系的不对称性包含的悲剧性。

　　用于为动物的非自然死亡辩护和解释杀死动物并不是罪过的论据肯定属于抵赖情况。如同人们在某些广告牌中看到的那样，旨在接纳和推广肉类制品的论证往往与承认杀死动物的残暴性或者讽刺联系在一起①。号召人们享受美味和快乐；推荐肉类菜肴（肉是不可或缺但可替代的蛋白质的来源）；

---

　　① 参照猪肉食品生产商"雷恩家"（巴黎，1937）的包装纸：我们可以看到，一个小男孩使劲拉着一头猪，旁边配有一行字："不要哭！大肥猪，你马上要去'雷恩家'了/将被做成肉酱、香肠、腊肠出售。'雷恩家'的所有产品都是极好的。"同样参照猪肉食品生产商"诺布雷"的招牌，上面有一个小女孩对一头正在哭泣的猪说："不要哭，大傻瓜，你就要去'诺布雷'那儿了！"然而，如果我们看看1930年科尔马小镇上"汉斯"的招牌（出现了刀具，展现了动物的恐惧和人们杀死它的过程），这些图像让我们更难谈及抵赖心理，尽管这一图像也显露了一些讽刺意味：猪逃跑了，猪肉商在后面追它。感谢弗洛伦斯·波盖特和让-弗朗斯瓦·诺德曼指出了这些招牌。

在所有宗教里，至少在最初的时候，祭品是肉类制品，而且祭品的意义体现在人们在举办祭祀仪式时认可了动物和人为这盘菜肴所付出的代价，所有这些都是使一种行为合法化的方式，尽管人们也承认这种行为并不是理所当然的。在这里，抵赖针对的是这种承认的程度，但是当宾客谈到，甚至是讽刺地谈到他们正在吃的动物时，在每次人与他所养并致死的动物之间产生间隔时，这种承认也是存在着的。

传统饲养者身上就存在着这种机制。传统饲养者热爱他们的动物，他们细心照顾着动物，给动物取名，将它们个体化，但是到了杀死动物的时候，他们能够展现出某种狠心无情的一面。这种冷酷是一种将他们的情感抛置一边的方式，以避免被动物之死所动摇。这种隔离使他们重新正视饲养的多种目的，至少是将他们置于一种目的前：动物的努力和饲养者对动物无微不至的照顾都是为了杀死它。在这个意义上，人们可以认为隔离是一种回归现实，回归现实原则的策略。这种隔离是暂时性的，它与麻木不仁不一样，屠宰场的员工常常是麻木不仁的，而麻木不仁也无疑是履行此种职业和确保接受这种对于动物和人来说都是难以忍受的生产节奏的条件。这里所说的麻木不仁不是短暂性的，它会侵入人类心理。这也是为什么我们很难把它和抵赖心理进行比较，抵赖心理意味着承认和拒绝正视的交替出现。我们在屠宰场员工身上看到的对动物痛苦的否认是一种对会对他者动感情的自我的否认。这种否认与我们试图探究的一种机制相近，我们试图理解为什么我们能够接受现今我们每天对动物施加的残酷暴力以及我们是怎么做到这样的。

人们会琢磨现在这种意识的消失或者近乎消失：我们食用的肉本来是一个动物的身体。没有意识到动物的牺牲和缺乏悔意解释了近些年来肉食者和素食者之间的冲突越来越激烈。然而，再分析现阶段，我们有必要区分旨在为肉类制品和动物剥削做辩护，也就是支持人类对动物的支配关系的论证与个人以及群体面对这种事的反应：这种事不单单体现了支配和残忍性，即以无益的方式施加到敏感生物上的痛苦，还体现了暴力性。

实际上，"人们从两个世纪以来给动物施加的工业上的、化学上的、激素上的、基因上的暴力①"都是一种对活着的生命的暴力。这种暴力还有其他表现形式，它迫使我们正视我们文明中的邪恶。这种邪恶不主要是残暴性。这是为什么这一发问主要探讨的不是肉类制品、动物实验、斗牛而是食品工业的动物剥削以及大多数农场动物的饲养条件和屠宰环境。

如同我们不再完全处于抵赖状态，我们似乎正在改变我们与动物之间的关系。所有这些都看起来是我们正在承认动

---

① 雅克·德里达，《我所是的动物》，第47页。

物是具有感受性的生物且拥有一些权利，而且我们似乎正在朝另一种自然法的基础和另一种对正义的理解走去。同时，在我们走出纯粹的抵赖状态时，对于这种意识和法律层面的演变、法律哲学的演变的反抗是最为激烈的。这种反抗会导致一场斗争，而斗争的主题便是同情心在我们世界中的地位。

否认动物痛苦的现实性后，接踵而来的是对感受性的宣战，动物是这场斗争中的受害者之一，这场斗争的表现形式是荒谬的：人们变得冷酷无情，拒绝考虑他者的他异性所产生的一些争执，压在我们身上的生活方式同质化的威胁以及随之而来的某种神经过敏。神经过敏酝酿了一种保护文化，这种保护文化会抽走脆弱性概念的力量，而对存在方式多样性的重视和所有建立在差别积极性和尊重其自主性或者特别标准的研究角度都是此力量的来源。用这种无法去思考差异的无力感使感受性受到损害并且无法再产生同情心，在这种无力感的多种表现形式中，人们可以提及以下这些事实：一厢情愿地把宠物当作小孩或者强迫宠物接受人类的生活模式，给它穿衣服喷香水。人们极度疼爱猫或狗以至于不让它们按自己的方式生活，强迫它们占据一个不属于它们的位置，这种现象变得更加难以容忍，让我们想到人们对牲畜的冷酷无情态度。然而，这种亲密无间的宠爱和这种冷漠就像雅努斯的双面性一样：它们都体现出人类无法考虑动物的他异性。在解释这场针对感受性的斗争中的相关因素以及指出为什么在我们看来，这种斗争取代了抵赖状态以前，我们有必要说说我们矛盾情绪的表现形式。矛盾性是这一中间过渡阶段的特点，这一过渡阶段也是危机重重的时刻，在此时，暴力不断升级，但是同时人们越发清晰地认识到了邪恶并有意愿打击这种邪恶。所以我们现在来看看法律是怎样反映出这种矛盾性的。

法律中的矛盾

法国法律中存在着许多矛盾，在民法中，动物还是一种动产[1]，而在刑法中，除了有针对人和财产的犯罪之外还有针对动物的犯罪，动物被视作有感受性的生命。这一现象说明了我们与动物的关系中出现了犹豫踌躇[2]。这些犹豫体现出某些确信观点（人和动物的差别）的终结和我们摆脱一种法律基础的困难之处，这种法律基础参考了把动物性本质和人性本质对立起来的形而上学观点。这种形而上学观点从一种完全排除动物的"人的本性"出发，演绎出一些大的伦理学和

---

① 参照法国民法条例 528。

② 苏珊娜·安托万，《动物法：演变和前景》《达鲁兹汇编》，第 15 册，专栏，1996，第 126-130 页；《物产法的改革方案：通往一种新的关于动物的法律制度？》，《动物法半年刊》n°1，第 11-20 页。同样参照让-皮埃尔·马奎诺，《新刑法中的动物》《达鲁兹汇编》，西雷出版社，1995，第 25 册，第 187-191 页。

法律范畴，并为这样一种世界观做辩护：从人可以利用一切对其有利和可能给其带来利益的东西的这个权利出发来规定正义。

刑法加大对虐待、严重侵害行为、暴行的打击力度，这并不完全与1850年颁布的Grammont法相似。这项法律建立在此论据上——对动物的暴力本身就包含暴力会向人类延伸的可能性，它曾经制止了在公共场合虐待动物的行为①。即使人们是逐步承认动物是有权受到尊重的生命，即使法律的改革是分阶段进行的，人们可以认为这项法律并不比康德的观点——我们对动物负有间接义务——超前很多。

1959年9月7日，广告标语被删除，严重侵害行为的概念问世，此外还出现了受到虐待的动物可以托付给动物保护组织这种主意。法律不再仅仅被用于保护人类不受其他人的侵害，不受人类能够做到的和人类策划的残暴行为（通过煽动其他人暴力对待同类并做出卑鄙可耻的行为）的伤害，法律同样能够保护动物。法律暗含了这样的观点：动物自己本身就有权受到尊重，法律还承认了动物是具有感受性的生物，因为只有在遭受"严重侵害行为"时感到痛苦的生物才能要求法律和动物保护协会的保护。具有感受性的生物——这种

① 莫里斯·阿格伦，《动物的鲜血：19世纪法国的动物保护问题》《浪漫主义》，1981，第81-109页。

身份会赋予动物主人一些责任义务，并且超出了制止或禁止动物虐待的意义。在 1976 年 7 月 10 日颁布的法律中，尤其是第 9 条中，这种动物的身份被很清晰地提了出来："作为具有感受性的生物，所有动物都应该被其主人置于适应于其物种迫切需要的环境中。"

不仅法律承认感受性是对疼痛的敏感性，这使得残暴行为和虐待行为受到惩戒，而且人们以更积极的方式去理解"感受性"这个概念："动物物种的迫切需要"指的是确保动物繁荣发展的特殊条件和动物行为需求，动物行为需求的剥夺会引起动物的痛苦和忧伤，这些远甚于疼痛、剥夺食物、寒冷和饥饿。动物目前所属的产权制度是有局限性的，就像人们在条例 13 中看到的那样，条例 13 制裁了故意抛弃动物行为和明显的虐待行为。同样地，在条例 14 中，成立至少五年的动物保护组织可以充当民事诉讼的当事人，这种可能性显示出针对动物（动物可被代表或者它们的权益可以被代表）的法律制度与针对被监护人的法律制度相似，如果不这么说的话，至少它与针对以下对象的法律制度相似：此生物不是简单的事物，也不是一项价值仅仅取决于其所有者的评估和用处的动产。所有者的权利不是绝对的，当此权利超出法律所参考的伦理学规定的限制时，该权利就会被剥夺。

对历史的回顾凸显了刑法和民法之间的失调，民法在动物使用方面没有规定任何限制，动物仅仅被视作为事物。这些历史背景还鼓励我们去思考人们在看待动物和人类方式上发生的天翻地覆的变化。事物和罗马法的继承人之间的区分，以及依赖于一种人类观念（主体哲学是其最完整表达）的主体概念还不足以解释我们与动物之间的现实关系和动物的存在以及我们对动物的义务和责任。1976 年 7 月颁布的法律中的条例 9 和条例 14 不仅仅把动物视作法律客体，动物同时也享有某些权利。作为有着特殊利益并会受到伤害的具有感受性的生物，动物是一个法律主体。动物也能被一个机构所代表的，这个机构负责照顾它或者拯救它并捍卫它的权益，使得它的关押状况能够符合其物种的标准或迫切需要。

刑法演变中出现的东西并不意味着普遍权利的推论也适用于动物。相反地，世界教科文组织于 1978 年 10 月 15 日宣告的世界动物权利宣言造成了一种紧张的气氛，甚至还产生了一些矛盾对立，这些都凸显了当我们把带有人类主体印记的主观权利词汇用于思考我们与动物的正义关系时会遇到的难题 [1]。因此，这是一项不大可能成功的宣言，它一边试图承认"人类对动物犯下的罪行" [2]，甚至提到动物的"法人" [3] 身份，

---

[1] 1989 年，国际动物权利联盟修订了这一宣言；1990 年，该宣言修订版面世。

[2] 参照序言："我们认为，对这些天赋权利的轻视，甚至是简单的无知都会给大自然造成严重的破坏，导致人类对动物犯下罪行。"

[3] 第九条："法律必须承认动物的法人身份和它们的权利。"

一边又接受这样一些行为：用于动物实验和生产肉制品的动物绝不是人类，杀害它们不会被认作为谋杀①。此外，这个宣言把动物所获权利问题与尊重大自然和生命的伦理学观点掺和到一起，因此人们不知道针对动物的法律制度究竟是什么，是否动物本身就有权获得尊重，是否尊重动物是尊重生命的多种体现之一②。根据这个宣言，动物拥有权利，但是权利的具体内容并没有被明确表达出来。由于这些动物权利内容完全参考了人类权利的内容，人们就不知道动物权利的基础是什么，而这正应该是哲学讨论的主题。

关于动物权利问题，有三种假说。在第一种假说中，动物之所以拥有权利是因为人类虐待动物是可耻的。第二种假说则称最严重的罪行是危害生命罪。第三种假说则指出，根据它们的感受性和动物行为需求，动物享有一些权利。在最后这一种情况中，动物的权利与动物行为需求相关，而且动物的权利会限制人类的权利，就是说动物权利会限制人类利用有生命之物的权利。与将动物权利看作是人类权利的延伸

---

① 如何协调这份宣言向动物赋予的法人身份和这一事实：出于性命攸关的利益考虑，人们利用动物（条例3和条例4），人类食用动物、杀害动物、用动物做实验（这份宣言没有批评这些行为）。

② 这个问题在上文引用的序言和条例7中出现了："任何在没必要的情况下杀死动物的行为和任何导致这一行为产生的决定都构成了对生命的犯罪。"

的动物伦理学各种流派不一样，这并不意味着动物的这些权利强制要求废除肉类制品或动物实验[1]。但是，动物权利要求人类在剥削和杀死动物时，要尊重动物行为需求和动物标准的某些条件。然而，世界动物权利宣言的内容仅仅从第一种假说过渡到第二种假说，却没有依赖于第三种假说。而第三种假说才最符合法律发展，尤其是刑法发展的要求，它也最适应感受性概念的重构，这一哲学思考和动物保护组织工作的共同成果。

这些意见并不排斥人们提出一些超越法律领域并使哲学家窘迫的问题，比如，动物是否有义务成为我们的盘中餐，动物实验是否无法避免，正如娜斯鲍姆所说的，这些都反映了我们与动物的关系中悲剧的一面。然而，这些问题都超出了规范行为和确定我们利用动物的合法性条件的这些层面。在我们探讨这些问题以前，我们有必要解释一下动物所获得的权利有哪些。通过解析上述第三种假说的推理方法，我们

---

[1] 参照汤姆·雷根，《动物权利研究》，伯克利，加利福利亚大学出版社，1983。作者认为动物权利问题包含在人权的扩展和这些权利延伸到所有人类的问题中。然而，他改变了这些权利的基础，用"是生命主体"（即能够体验到生命历程）的事实替换了"是人类"和"具备成为道德主体的能力"的事实。把权利建立在生命主体之上并不能阻止我们停止对植物人的治疗，它意味着废除出于以下目的进行的动物剥削行为：把动物当作食物，用动物皮毛制衣，用动物做实验，利用动物开展娱乐活动或体育活动。

124　将会看到这种法律发展，同时也是我们与动物的关系的变化和动物进入法律领域的方式的改变，它们的实际意义究竟是什么。

　　把动物权利问题从人类权利问题中抽离出来，这并不意味着我们得放弃动物权利。相反地，我们这样做是想要从动物物种本身的特别标准出发来确定动物权利的内容。动物权利比人类权利更受限制，这些权利与自由权不一样，自由权对于动物来说没有任何意义，因为猪和牛是不会投票的。然而，这一与娜斯鲍姆应用到动物身上的可行能力方法不谋而合的研究方法并不会使主体概念变得过时无效。这个研究方法要求我们去思考，当人们提到动物的主体问题时，"主体"一词的意义是什么。动物不具有人格，它不承担责任，但也具有一定的价值。并不是因为在我们看来，中世纪针对动物的诉讼是荒谬的①，所以谈动物权利就是愚蠢荒诞的。同样地，动物不对我们负责的事实凸显了人类和动物之间不可置疑的距离和不对称性，但是这并不意味着动物只是我们予以同情和仁慈的对象。谈我们与动物的关系中的正义意味着动物会限制我们的权利以及我们利用它们的方式。然而，我们并不通过研究人和动物的差异性、人类本质和动物性本质来考虑

①　卢克·费里，《生态新秩序》，第9-18页。

这个问题。

一旦人们列出动物被赋予的权利清单，人们就可以重新探讨这个主宰人与自然、动物、他者关系的根本性问题：如果动物是具有感受性的生物并且不能被随意对待，如果它们的动物行为需求以及与其所属物种和历史相关的标准规定了我们利用动物的限度，甚至是应该决定动物的关押和剥削条件，那么这就意味着动物享有某些权利，而人类并不是法律义务的出发点。然而，我们并不确定法国法律在现阶段是否已经做好准备去做这件事。不管怎样，我们必须提出这个问题，从而走出法律范围去探索更大的空间，并且思考更多的正义在以下方面意味着什么：我们与动物的关系，我们与人类的关系，我们分享自然资源和利用地球的方式。

从能力方面进行分析

动物拥有一些权利，这些权利要求饲养者以恰当的方式对待动物。这些"权利债券"竖起了一面保护墙，使得动物免受虐待或者严重侵害①。此外，权利可以被比作为一场纸牌游戏中的王牌：它可以保护持牌人不陷入不利环境，而且它

---

① 约翰·洛克，《政府论（第二篇）》（1690），巴黎，弗杭出版社，1977，第 84 页。

可以用来攻击对方[1]。这就是说动物拥有权利，但是它们不是主体，因为它们没有不法行为和重罪的意识且不具人格吗？

通过明确动物权利的内容和使人们了解在什么意义上我们可以谈动物的主体问题，能力理论能够赋予动物某些权利。这种研究角度比以下角度更为超前：为了获得权利，它必须能够看到它的利益被直接或间接地促进。实际上，这种利益概念赋予了动物福利权利，即动物有权获得与其基本动物行为需求相符的对待，但这个概念并不能赋予动物主体地位[2]。相反地，将可行能力方法延伸到动物身上，娜斯鲍姆从这种动物理解出发：娜斯鲍姆把动物视作寻求繁荣发展的"行动者"，而它们每次寻求繁荣发展的方式都由其物种的标准来决定。关键在于理解在什么意义上，不具人格的某些主体能够拥有某些权利。

这个思考围绕个体展开，旨在确定动物拥有哪些基础权利，它并不涉及同情心和人类义务，它与正义有关。任何阻碍动物追寻其特有的"善"和"过"，真正属于它们的生活的行为都是不公正的。与虐待和残暴行为不同，对动物的不公

---

① 朗诺·德沃金，《认真对待权利》，伦敦，达克沃思出版社，XI。被让-伊夫·高菲引用，《功利主义，法律和动物福利》《养殖动物有权获得福利吗？》，第 150 页。

② 乔尔·范伯格代表了这种观点，《权利，正义和自由的边界》，普林斯顿，普林斯顿大学出版社，1980，第 159-184 页，第 185-206 页。

正并不仅仅与人类的草率或恶意甚至施虐欲有关，它体现了物种之间超越捕食和征服欲范畴以外的关系。对动物的不公正形容了这样一种行为：人们降低动物的生活水平，强迫它过一种恶劣卑微的生活，导致其受到伤害，因为动物的基本需求得不到满足且无法实现繁荣发展。

这并不意味着人类必须为动物提供食物或满足它们的基本需求，就像他们为人类兄弟做到的那样。我们对动物的责任和我们对同类的责任是不一样的，正如我们在研究娜斯鲍姆的核心能力清单是如何应用到我们与动物的正义关系上时看到的那样。另外，我们必须合理对待动物，使其发挥功能的能力或者是做某事的能力得到保障，而不是使它的运作或者需求的实现得到保障。因此，人们不会把一只鹿扔给动物园的母狮，而是给它一个球，让球作为鹿的替代品，使它能够实现它的捕猎需求[①]。这里的理念是，对于母狮来说，其动物行为需求的剥夺，即捕猎和寻找食物需求的剥夺，致使它不能实现繁荣发展并且使它感到无聊。圈养能够确保狮子老虎不会挨饿，却不能让它们自行杀死猎物（运作）。然而，圈养应该确保动物能实现捕猎的需求（能力），使得动物在笼中的生活不要太过偏离它们的标准以至于这种生活变得不健全。

---

① 玛莎·娜斯鲍姆，《正义的前沿》，第 370-371 页。

因为尊重某些核心能力是实现我们与动物交往的公正性的条件，娜斯鲍姆坚持主张要限制人类行动：人类应该放手让动物按照自己的标准生活，自主性是实现动物繁荣发展的条件，而动物的能力都是特殊的，不同物种有不同的能力 [1]。

这种动物的他异性和对生命形式以及存在方式多样性的尊重是能力理论的核心。能力理论避免从与人性相关的行为出发，去推断"善"的标准和权利。这项理论取得的成果——权利的重构以尊严概念为依据。然而，引进这一古典概念的背景是认可生命形式的多样性，而不是套用存在锁链模式或这种大自然观念：人因为拥有理性，所以是最尊贵的造物，由人为其他生命形式赋予它们的价值。每个物种都有专属的标准去定义尊严和评估个体的生活质量，而其他物种不会给它提供这些标准。

正是因为这是一种适用于每个生物的尊严，所以娜斯鲍姆才能针对动物使用这个词语。这条评语不应该消减这样一个主张的大胆性。如果动物的尊严是一种适应于其物种迫切需要的尊严，那么这可能意味着以后不会再有绝对标准来定义尊严，也就没有真正的尊严一说了。然而，如果尊严每次

---

[1] 人类的发展模式严重影响到了野生动物的生活，因此我们的责任是通过提供食物和动物栖所来补偿城市扩张、森林砍伐、工业化给动物造成的伤害（我们压缩了它们的生存空间和资源）。

都是指适宜于某种生命形式的尊严，那么它同样也用来形容一种不同物种拥有的不同核心能力得到保障的生活模式。"尊严"一词用作名词时，必须考虑到不同的生命形式：人们谈的不是一种普遍尊严，而是适宜于某一物种的尊严。"尊严"是以复数形式出现的。然而，"尊严"一词用作形容词时，它就涵盖了某些物种所共有的特点，并且具有规范性和绝对性意义：可鄙的生活是个体无法发挥其核心能力的生活。

矛盾的是，正是对生命形式差异性的考虑使得娜斯鲍姆能够捍卫她所列出的动物权利清单的普遍性，她坚称这张清单应该纳入每个国家的宪法中，应该就这张清单发表世界性宣言[①]。因此，当娜斯鲍姆描述动物所拥有的权利内容时，她将权利定义为"发挥功能的能力，这种能力对于实现繁盛的生命，实现与每种生物尊严相称且有价值的生命，是必不可少的"。因此不同物种对应着不同的应得权利，而且这些权利以不同的生命形式和每个物种的繁荣发展为依据。能力理论延伸到动物身上的实际意义是什么呢？这个方法足以解决我们和动物交往中的不公正问题吗？或者这个方法给我们提出了某些疑难问题，要求我们思考是什么准许我们利用动物当作食物或测试化学分子和化学产品？

---

① 玛莎·娜斯鲍姆，《正义的前沿》，第 400 页。

身体健康权是第二项能力，它规定了人类照顾动物的义务。第三项能力，尊重动物的身体完整性，它促使我们惩罚暴力行为和任何阻碍动物实现繁荣发展的行为，比如剪掉一只猫的爪子。相反地，娜斯鲍姆写道，在麻醉状态下阉割雄猫并不被禁止，因为阉割行为与猫的繁荣发展是相容的，它可以避免猫的超生和遗弃。娜斯鲍姆一直坚持具体问题具体分析，但她同时又区分了以下两种人类行为：第一种是合法的人类干预，它不会破坏动物好好生活的能力；第二种是伤害动物的行为。

第四种能力与感官、想象、思考的发展有关，第九种能力则强调了娱乐的重要性，这两者都要求留给动物充足的空间去实现自我发展。如同第五种能力——情感，这些能力都意味着动物有精神世界和情感状态，它们需要一个丰富和充满互动的生活环境。动物身上并没有可以和第六种能力对应的东西，即实践理性。尽管如此，我们还是应该研究某些动物拖延时机的能力，尤其要思考灵长目动物学和达尔文所说的某些动物的道德感，特别是猿猴的道德感，以及理性的起源。不管怎样，无论是圈养动物还是家养动物，都有必要使饲养方式和它们的生活条件适应于它们的周围环境和反世界要求，这一之前提到的内容与娜斯鲍姆的观点是一致的。这意味着，赢利目标远不是第一重要的，它也不能决定饲养条件，而我们也不应该把饲养业看作一种工业。把动物饲养和工业混淆在一起，这不仅仅是对动物基本需求的无知，还是对动物基本权利的侵犯。同样地，任何以动物生产最大化为唯一目的的行为和任何不首先考虑动物行为需求的动物剥削利用都是违法的，它们应该被禁止。

关于第八种能力——不同动物物种之间的关系，第七种能力——情感联系和归属，第十种能力——对外在环境的控制，我们必须要看到，动物的社会性、交互动物性，甚至是某些动物和我们建立的关系，它们都规定了人类的责任义务。同样地，这些概念都意味着我们的干预行为要有限度：我们不能固执己见地阻止属于同一物种或不同物种的动物之间的争斗。

娜斯鲍姆掷地有声地断言道，动物不仅仅是必须受到动物保护组织和法律保护的主体，它还是必须受到公共政策保护的主体。动物以它们的方式作为"政治正义的主体"[1]：动物有自己的代表，且它们会影响我们给共和政体下定义的方式[2]。人们不应该把这种观点同彼得·辛格（继边沁之后）的观点作类比，辛格关注动物使用的利害计算，以寻求福利最大化。这种观点包含了对正义意义的思考，即研究人类规定共同生活规则的原因和所涉及对象，还有对建立在社会合作

---

[1] 玛莎·娜斯鲍姆，《正义的前沿》，第400页。

[2] 玛莎·娜斯鲍姆，《正义的前沿》，第400-401页。

形象上的契约制的批评，娜斯鲍姆认为契约制既不完整也不正确，它仅仅停留在互惠互利层面上[①]。因此，我们与动物的关系也涉及了正义问题。动物问题打乱了我们过去常常依赖的正义模式。这并不意味着我们必须想办法在动物世界强加和平和平等准则，这些准则是民主传统和人文主义密不可分的部分。但是这些准则在丛林和大部分动物世界中是没有意义的，不过，这也并不是说，动物感觉不到侮辱或者动物就一定缺乏正义观念[②]。

娜斯鲍姆远没有解决所有问题，她把一些哲学疑难抛给我们，比如说与第一种能力相关的问题。生命权禁止杀死动物。当然，生命权也意味着生物有获得相应生活条件的权利，那么社会也有为生物提供这些条件的权利[③]。然而，在娜斯鲍姆看来，这并不是第一条能力的含义，第一条能力并不禁止杀死动物的行为。因此，第一种能力并不是生命权，而是动物根据其基本需求，在适当的环境中生活的权利，是好好活着的权利或活得足够长久能够享受生活的权利。这是为什么

---

① 玛莎·娜斯鲍姆，《正义的前沿》，第 414 页。

② 关于动物认知的最新发现就证明了这一点。参照达丽拉·波维和雅克·沃克莱尔，《动物智慧和人类智慧》《认知科学论》，巴黎，爱马仕出版社，2005，第 179-193 页。

③ 朱迪思·贾维斯·汤姆森，《堕胎的防御》《哲学与公共事务》，第一卷，n°1,1971，第 46-66 页。

"是具有感受性的生命"是判断在什么情况下，杀死和囚禁动物是合法或不合法的一个决定性标准。娜斯鲍姆写道，对饱受痛苦折磨的动物实行安乐死是正确的。相反地，无麻醉试验，在引起动物紧张和巨大恐慌的环境中进行屠宰，出于玩乐心态杀死动物，为生产奢侈品，比如皮毛或鹅肝，而饲养和杀死动物，这些都是需要被禁止的。

从这个角度看，对人类的有用性依旧是用于区别正义和非正义的标准：当人类需要进食时或当动物试验十分必要，没有其他替代方法，并且进行试验的时候会尽最大可能减少动物的痛苦，尊重它的福利时，人类杀死动物就是正义的。娜斯鲍姆文中的一些意见重新提到了福利概念的使用和促成1959 年 3R 原则（3R 意指减少实验动物数量，改进动物实验方法，替代实验动物。时至今日，动物试验依然受此原则约束）[①] 形成的伦理学。然而，把对于我们的有用性作为法律的出发点是正确的吗？我们之前才说到可行能力方法的独特性

---

① W.M.S.拉塞尔，R.L.波奇，《人道主义实验技术原理》，伦敦，梅休因出版社，1959，减少实验动物数量，改进动物实验方法（它包含了端点概念和实验中止标准），用计算机模型替代实验动物。这一观点被许多机构采纳，比如美国农业部（动物福利法案），加拿大动物保护委员会，英国政府。欧洲委员会（公约 STE nº123），欧盟（指令 86/609/CE），法国（法令 nº87-848；1988 年 4 月 19 日颁布的决议；同时参照法令 nº2001-464 和 nº2001-486，它们列举了十条措施，旨在于公共科研机构实行关于动物实验的政策）都把这一观点引入到了规章制度中。

在于不以人类为出发点，尤其是不以人类从动物利用中获取的有用性和利益为出发点，而立足于动物的基本需求和适宜于其物种甚至其尊严的繁荣发展标准，那么我们能够把人类的观点看法当成正义或非正义的标准吗？

与其赞同"必要之恶"，在善恶之间妥协，甚至是我们和动物交往中固有的悲剧性这些论述，难道我们不应该超越法律范围，敢于提出这些终极哲学问题：动物是否有责任义务喂养我们？我们可不可以说[1]饲养者和照顾并杀死的动物之间有一种默认契约，而这个契约在要求我们谴责密集型饲养的同时又证明了散养的合理性？又或者素食主义才是最正确的态度？素食主义是否仅仅属于私人领域或者它能成为公共建议？最后，我们并不是要一劳永逸地对动物试验进行裁决，而是提出这种行为迫使我们面对的哲学性问题。

正义的考验

说动物有责任义务喂养我们，"它们就是为此目的而生"，这就是重新引入目的论判断，将人类神圣化为创世的目的和进化的巅峰。另一方面，确实，大部分牲畜如果没有饲养者照顾的话就无法存活下去。这条评价可以促使我们认为，人

---

[1] 卡瑟琳·拉瑞尔，拉斐尔·拉瑞尔，《动物，生产机器：驯养合约的破裂》，第18-22页。

类对动物的照顾可以证明人类利用和杀死动物的合理性。在饲养者和动物之间的家养契约这个想法中，人们可以发现交换观念：饲养者有责任确保动物生活在良好的环境中[①]。作为交换，动物要向人类提供效用直到这一悲剧性的时刻：它被杀死。饲养者向动物提供它们的生存条件，这一行为证明了人类和动物关系中的不对称性是合理的。这种使动物剥削合法化的论证能够谴责工业化饲养——家养契约的撕毁，就像卡瑟琳·拉瑞尔和拉斐尔·拉瑞尔写的那样。然而，它足以赋予出于满足人类需求目的而杀死动物的行为合理地位吗？又或者动物付出生命代价来换取人类的照顾，因为人类使得它们能够出生在世上，此看法难道不是只有在这种世界观中（我们对我们照顾的生物和帮助出生的生物有着生杀大权）才站得住脚吗？

这个问题是无法裁决的，就是说，人们无法通过一种中立和客观的论证来回答这个问题。当我们不吃肉也能保持身体健康时，有两种立场存在，第一种坚称我们能杀死动物来填饱肚子，第二种认为我们没有权利吃掉一个具有感受性的生命，即使它靠我们的照顾才得以存活。哲学并不能在这两种立场中做出判决，除了它会倾向一种"善"的观念，这个

---

① J.波舍尔，《工业化养猪场的工作：动物的痛苦和人类的痛苦》，《养殖动物有权获得动物福利吗？》，第57页。

观念与人类在宇宙中的地位和人类允许自己对动物拥有的权利相关。但这并不因此意味着，哲学对于这个主题就没话说了。承认肉类制品会引发很多问题，而这些问题要求我们反思人类权利的范围和界限——这一简单的行为对于理论和实践来说都是有益的。第一个贡献在于意识到这个问题：为了进食而杀死动物并不是理所当然的。这种做法可以是站得住脚的，但是它要求我们判断什么行为是我们允许自己对有感受性的生命做出的。另一方面，在政治层面上，禁止肉类制品是不可想象的：没有人能强加给人类整体或者他的同胞们一种不具普世意义的世界观。然而，许多素食主义者的存在足以质疑这种吃肉类制品的行为，而由于饮食传统和社会传统，人们越来越认为这种行为是合乎情理的。

此外，素食主义既是一种政治姿态也是一种哲学态度。人们会认为这是一种与时下环境相关的积极行动：主要是一种工业化饲养的当今饲养环境，人口增长，新兴国家对西方人生活模式的模仿，例如每日吃肉和鱼，这些事实促使我们中的一批人成为素食主义者，甚至于推广这种素食主义生活风格。单单是工业化饲养的非法性就能够证明这一可能是暂时性的积极素食主义是合情合理的。然而，世界人口的增长和对肉类的需求使问题变得更复杂了：如果坚持尊重动物需求的散养模式，我们将难以养活 90 亿人口。只有一种将动物变为产奶机器或产肉机器的生产模式才能够应付这样庞大的需求，才能够满足消费者低价购进畜养业产品的渴望。如果人们考虑到畜牧业生产和密集型饲养带来的环境代价，我们就能很清楚地看到，最正确的个人态度和集体态度应该是大量减少肉类消费需求，甚至是动物产品消费需求。

因此，素食主义可以是一种政治姿态，它促使人们重视公正对待动物的问题和公正对待其他人类的问题。伴随素食主义而来的还有一种反思，这种反思在生态学和动物问题之间搭建起桥梁并涉及我们的发展模式。实际上，这种经济模式的苟延残喘还体现在人类工作的贬值，尤其是农业生产者和畜牧者，他们无法通过他们的工作来维持生计，从而被迫转型从事工业。最后，这种经济模式的困难还体现在大众品位的同质化，农产品的大量生产和投放造成了这种同质化现象。只有一种立足于品质的文化和一种致力于农业优先，坚持食物以合理价格卖出的政策才能结束这个恶性循环。然而，我们不可能要求其他人放弃食用动物肉类食品，也不能强加给他们另一种饮食习惯[1]。那么哲学性素食主义的意义究竟是什么？它难道不就只是一种私人态度，一种把所认同的价值刻进生活的方式，一种宗教？

---

[1] 然而，法国的大部分餐馆和食堂缺少素食菜单，消费者对素食烹饪知之甚少，这些因素都是阻碍生活方式转变的主要障碍。只有人们知道替换动物蛋白后，如何能把大豆、面筋、谷物烹饪得又好吃又有益健康，人们才会放弃吃荤的习惯。

138

与其表面不同，素食主义的哲学意义更多在于素食主义向社会提出的问题，而不在于素食主义可以依托的信仰。那些不吃动物肉体的人追随了一种从鲍菲尔和普鲁塔克到卢梭沿袭下来的传统①。以我们和动物共有的感受性以及同情心为理由，这些哲学家都拒绝吃动物。然而，这种理论背景可能并不是使得素食主义成为一种哲学姿态的原因。

实际上，不吃肉提出了公正对待动物的问题，这跨越了正义理论的边界，一直延伸到这种问题：什么应该是我们的权利？这个问题使得一切形式的抵赖都行不通。不仅仅是因为同情心影响到了素食主义，所以这种态度才成为我们前面提到过的争斗的反面。素食主义同样使我们面对一个处于哲学极限的问题。那就是将我们的日常行为与这种发问反思联系起来：我们的生活、我们渴望存活和实现繁荣发展的意愿、我们要求获得快乐和利益的方式对其他生命、其他人类、动物甚至是地球做出了什么强制规定。

我们的权利应该是什么样的——这是一个疑难问题。它没有唯一答案来帮助指导公共政策和立法工作。然而，

---

① 鲍菲尔，《论禁欲》，IV，2.1-2.9，译者：M,帕提翁，A.P.瑟肯德，巴黎，Les Belles Lettres 出版社，1994，第 1-4 页。卢梭，《爱弥儿：论教育》，第二卷，巴黎，嘉尼埃 - 弗拉马里翁出版社，1996，第197-199 页。卢梭（他不是素食主义者）引用了普鲁塔克，《三论动物》，译者：阿米约，巴黎，P.O.L 出版社，1992。

不拒绝这个问题是很重要的。它甚至能够使 1850 年的 Grammont 禁止动物虐待法和康德思想中出现的内容（不仅是明显论证）重新获得活力：不仅因为对动物的残忍和暴力会怂恿人类去虐待自己的同类，所以我们不能对动物恣意妄为，还因为我们对生物的所作所为，就像对人类生命开端的所作所为，充分说明了我们是什么样的人，我们允许自己去做的事，我们为什么这样去做。这不只揭露了不齿于人类的行径，而且，通过提出这个问题——我们对动物的利用和我们的做法揭示了我们的哪些方面，我们也开始反思我们构建的社会类型和我们奉为优先的价值。我们应该寻思我们为什么和怎样做了我们所干的事，我们是谁，竟可以做出这样的事，而不是把重心放在我们应该做或禁止的事情（肉类制品、胚胎干细胞利用，等等）。在这样一种视角下，尊重生物这个概念才是最有意义的 ①。

这种研究方法要求我们去探究科学和医疗实践领域中的

---

① 尽管，对于素食主义者来说，对动物的尊重和对体外胚胎的尊重是不同的，前者拥有娜斯鲍姆在上文描述的那些权利，而对于后者，康德所说的间接义务概念足以让我们反思这些实体（它们既不是事物，也不是出生的儿童或人类）的科学用途带来的哲学问题。要构建关于它们的法律制度就必须引入一些范畴，比如来源于人类的事物范畴，我们甚至可以根据它们是简单的配子，体外胚胎，已经移植的胚胎或流产胚胎去做更为详细的划分。远不是说我们可以随意对待这些胚胎，但是我们最好不要从人类尊严或生命权的角度去思考胚胎干细胞研究带来的问题。

生物利用问题，它促使我们去研究动物试验问题①。即便很难去要求动物试验的无条件废除，人们还是应该反思"必要之恶"这种论据为什么很容易就被援引，而大部分针对动物实施的试验并不与医学研究有关，却与化妆品行业有关。同样地，人们对动物做了大量残忍的试验，目的是测量用于卫生服务或土壤保持的化学用品的毒性，以及评估皮肤和机体在高温状态下的忍受极限，比如我们用来做菜的电磁灶。不仅我们可以用不同于动物试验的替代方案来测试用于擦净烤炉的产品，而且一些"为了看看"②干扰动物睡觉的后果以及动物的反抗限度而对老鼠做的试验似乎是不必要的。

　　一些试验毫无价值而且违背常理，利用和照顾动物的费用往往比替代方案更为昂贵，工业家没有做出努力，在这些替代方案上没有进行足够的投资，这些事实都显示出，主要问题是要知道人类和社会为了尽可能限制动物试验而愿意去做什么。问题不在于把动物试验的拥护者和反对者对立起来，而在于省思人类对试验动物命运的冷漠和人类

---

① C.佩吕雄，"对植入子宫前的胚胎的诊断，产前诊断，以及生育以外用途的胚胎使用"，国立医学院 2009 年 6 月 24 日通告，在线网址：l'Espace éthique AP-HP，发表于《伦理学思考小组来函》，CHU Poitiers，n°2,2009 年 9 月，第 3-5 页。

② 克劳德·贝尔纳德，《实验医学入门》（1856），巴黎，弗拉马里翁出版社，1984，第 222-223 页。

不断实施那些或多或少带有非法性质的行为说明了我们和我们社会类型的什么问题。为什么我们愿意在动物身上测试各种东西[①]？

一旦我们提出了这个疑问，这显示出我们已经踏入了关于感受性和同情心在正义中的地位的争斗，我们就能够提出最极端的动物试验问题：如果动物被用于测试化学分子，以使我们了解一种疾病的演变，一种癌症的发展，那是因为我们与这些生物具有相似之处。人们怎么能够，在一方面，指望这种相似之处；在另一方面，又说把动物弄生病去观察动物的反应和帮助我们了解一种疾病，是小事一桩[②]？

这个问题，远不会得到一种清晰的答案，指示我们一定要禁止动物试验[③]，但它会促使我们分别探讨不同动物模型的正当性[④]。它也要求我们反思建立在动物试验上的科学方法：动物被置于人工环境下，处于十分紧张的状态，而这种紧张

[①] 在《实验医学：必要之恶》《动物法半年刊》，第199-200页中，弗洛伦斯·波盖特指出，本应该在"绝对必要"情况下实施动物试验，但是"绝对必要"却为各种试验敞开了大门，可以参照条例 R214-87（2003 年 8 月 1 日法令 n°2003-768 创立了此条例。）

[②]《实验医学：必要之恶》《动物法半年刊》，第 197 页。

[③] 在这一点上，我们没有弗洛伦斯·波盖特那么绝对（这并不是说动物试验是理所当然的），但是，解构"¬引必要之恶为动物试验辩护"并不能为禁止动物试验得出一个无可辩驳的论证。

[④] 弗洛伦斯·波盖特，《实验医学：必要之恶》，第 199-200 页。

情绪会决定它的反应。在这种情况下研究动物，人们可以针对它的行为做出准确的结论吗？此外，我们确定，负责为研究一种疾病在哺乳动物身上的演变制定规范的健康处理举措能够帮助我们更好地理解这种疾病吗？动物试验难道没有反映出一种简化论？这种简化论没有考虑到多种因素的存在，尤其是环境因素，甚至是心理因素。疾病出现时，心理因素也介入了，它可以解释疾病的演变和决定有机体抗击疾病的能力，甚至是治愈的能力。

这些困难的问题要求我们去思考什么因素影响了我们与动物之间的交往，广泛来说，什么因素影响了我们的做法。当我们做事时，我们捍卫了哪些价值？哪些是我们的优先选择？当我们用动物去测试洗发精或去检查用于烤炉去垢的产品是否会灼伤眼睛的时候，我们赋予了怎样的地位给和我们拥有共同感受性的动物？

在这些做法中，并不是建立在互惠互利或交换基础上的契约模式有问题，尽管这种契约模式，就像娜斯鲍姆写到的那样，不能让我们反思对无法主张捍卫自身利益的生命予以公正对待的问题。我们对动物施加的暴力表达和论证了一种建立在短期赢利至上原则和人类麻木不仁情感（这种情感是实现和维护这一体系的条件）之上的体系。我们逼迫动物，甚至是人类，去适应这一体系的方式侵蚀了这些做法的意义，将这些做法与其本义切割开来，并使工作贬值。这是一种罪恶，是不公正的顶点和一场争斗的顶峰。

这场争斗围绕各种机构和各种有生命之物的特有价值展开，它是一场关于感受性意义和感受性重振的争斗。当进化论和古人类学宣判这种论说（从人类物种角度出发定义伦理学和法律）无效时，这场争斗就变得更加难以忍受了。进化论和古人类学把人类重新放置到生命历史之中，并且要求不要再把道德感和理性与我们的动物性区分开来。它们意味着，我们不能从物种角度，也不能从一种为"人类本性"规定范围的形而上学角度出发，去思考我们与其他生物之间的关系。这些认识远不会使一种人类理想失去恰当性，使人文主义失去光彩，它们揭示了进入世界的多样性，要求我们反思我们与其他人类、其他动物的交往中的核心可以是什么。

某种关于人类本性和责任的论说的终结

生命的连续性和达尔文的主要贡献

达尔文对个体差异的观察和他的物种起源学说（自然选择和性选择方法）早已质疑了人类对于自己的认知，即一种别于他者的物种①。这一点就足够说明，进化论很难深入到哲学中去②。然而，尽管我们有必要强调进化论的哲学意义，进化论把人类重置于生命的连续性范畴中，我们却不是为了建立另一套伦理学和政治——与动物进化相匹配并纳入了与进化论相关的事实和假设。对生命和各种物种起源的记述以及

---

① 查尔斯·达尔文，《依据自然选择或在生存竞争中适者存活讨论物种起源》（1859），D. 贝克蒙根据 E. 巴比尔的翻译进行整理，巴黎，弗拉马里翁出版社，丛书《GF》，2008；《人类的由来和性选择》（1871），巴黎，集叙出版社，1999。

② 詹姆斯·拉切尔斯，《达尔文，物种和道德》*The Monist* 杂志，70 卷，1987，nº1，第 98 页。

生物学家和遗传学家为了解释进化机制和性状传递而引进的各种概念，它们尤其是以否定形式出现的。问题并不在于从这些数据推导出一种哲学，而在于考虑到这些数据，从而抛弃某些关于人类本性的说法。

此外，哲学的价值并不在于它对科学的屈服：海德格尔在《存在与时间》和《形而上学的基本概念》中指出，哲学的雄心是为其他论说，无论是科学上的还是人类学上的，提供一个更加原初的概念框架。这个概念框架应该脱离于其他学科或存在者的知识所预设的世界观和生命观。然而，一些世界观渗透到了哲学中。就像德里达写的那样，为了开展此在的准备性分析，海德格尔努力不让任何有关人类是什么的哲学学问（比如说理性动物、意识、主体或人格）先入为主[1]。出于这种原因，他还将生物学搁置一边。然而，海德格尔建立在此在获得本己之死和如其所是的死亡基础上的存在模式的划界（此在，在手存在，上手存在）可能并非独立于一些神学假定或人类学假定，以下情况见证了这一点：海德格尔使用了"本真性"和"非本真性"概念，而且他对于"终结[2]"不同形式的区分植根于一种"死亡的基督教经验[3]"。

---

① 雅克·德里达，《疑难》，第60页。

② 雅克·德里达，《疑难》，第135页。

③ 雅克·德里达，《疑难》，第139页。

因为死亡，这一我的不可能的可能性，可能是"最不恰当、最具剥夺性的、最不真实的可能性"[1]，也就是说除了海德格尔称为"庸俗"[2]的死亡概念以外，再没有其他的死亡概念了，所以这种同样也把人类和动物区分开来的界限也不再像海德格尔说的那样那么清晰了。我们可以为死亡命名的能力并不能保证我们可以获得如其所是的死亡，而不是一个欺骗性死亡[3]。有可能我们只和消亡、亡故、他者的死亡或丧事有联系[4]。我们可能始终都接触不到如其所是的死亡和如其所是的他者的他异性。

这种"污染性的走私"[5]逐渐渗透到此在的准备性分析中，并且严重损害了哲学追求纯正性和普遍性的志向，但是它并没有夺去这种提问方式的确切性。确实，此在和其他存在者的存在（在手存在、上手存在）或其他生物的分离不再确定无疑。同样地，作为此在的准备性分析的最后办法，即如其所是的死亡，也摧毁了分离的可能性，它破坏了一些主要区别，而海德格尔的论说正是围绕这些区别而构筑的：存在者

---

① 雅克·德里达，《疑难》，第 134 页。

② 雅克·德里达，《疑难》，第 34 页。

③ 雅克·德里达，《疑难》，第 133 页。

④ 雅克·德里达，《疑难》，第 133 页。

⑤ 雅克·德里达，《疑难》，第 138 页。

知识和此在的准备性分析之间的区别；此在和动物之间的界限，动物只是消亡而不会死掉，它们无法获得如其所是的死亡或者没有本己之死；终结和消亡（enden/verenden），死亡和消亡(sterben/verenden)，死亡和亡故[1]（sterben/ableben）之间的界限；人类和动物之间的鸿沟，一方面，人类会说话并且拥有一个世界，他让万物按照自己的方式存在[2]（就是说，按照万物在其缺席时的存在方式，让万物存在；从其不在场的可能性出发去思考万物）；另一方面，动物贫乏于世，它被封闭在管子中，不管它怎么使用岩石，它都无法感知岩石[3]。然而，辜负了哲学究极志向的东西并不像人们想象的那般棘手。怎么论证这个说法呢？同样地，达尔文的教导和这个难题（这个难题意味着"切分"和界定此在和生命、人类和动物的"纯粹可能性"被拒绝否认了[4]）之间的关系是什么呢？

这些问题的答案意味着人们明白进化论并不是要求用一

[1] 雅克·德里达，《疑难》，第 135-136 页。

[2] 马丁·海德格尔，《形而上学的基本概念》，16节，第103页："能够在远处是人类的存在方式之一。但是只有他的存在有'是此'的特征，人类才能存在于远处。我们把人类的存在称为此在（Dasein）……与石头的此在方式是不一样的。"参照50节，第309-313页：关于此在特有的转换能力；78节，第517-525页：关于重要事件的基本结构——预测。

[3] 马丁·海德格尔，《形而上学的基本概念》，第45、46、47、48节。

[4] 雅克·德里达，《疑难》，第 136 页。

种新的关于人的论说来替代过去的伦理学，过去的伦理学从隶属人类物种或拥有某种能力出发，推导出被尊重对待的权利，拥有道德地位甚至是法律地位的权利。

依据物种起源论说、达尔文关于人类和猿猴隶属同种的评论，以及一些化石（这些化石见证了在智人之前，还有其他原始人类和如今消失了的人类物种的存在）来构建哲学可能会掉进自然主义的圈套中。相反地，科学的贡献就如同德里达的贡献一样，它们在于鼓励我们抛弃某种关于人类特性的论说：人们过去认为专属于人类的东西也会出现在其他物种身上，比如制作工具、回避危险，甚至是禁止乱伦、耕种、哀悼和举行葬礼[①]；而且，人类不一定就拥有这种特性，海德格尔认为可以通过抓住我们的"此在"的原义和"此在"的基本特点来确定这种特性。

进化论、古人类学和灵长目动物学的主要贡献远不能简单归结为对人类物种的傲慢自大和其物种歧视倾向（可能是天生的[②]）的批评，它在于使人类明白，人类和动物不仅仅是

---

① 参照 P.PICQ，《人类新历史》（2005），巴黎，佩兰出版社，2007，第 2 章和第 3 章；让 - 克劳德·努埃，乔治斯·沙普提埃，《人性，动物性，边界在哪儿？》，巴黎，知识和学问出版社，2006。

② 罗伯特·诺齐克《关于哺乳动物和人》《纽约时报书评》，1983年 11 月 27 日，第 19 页。这是一篇针对汤姆·雷根《动物权利研究》的书评。

不同的，人类和动物之间既有不同之处也有相似之处。达尔文的著作一直重视不同个体生物的多样性，它们之间具有大量的异同之处。达尔文否认本质固定不变的说法，他认为变异使得优胜劣汰成为可能，他声称只是为了方便才用"物种"一词来指代相似的个体生物。相反地，隶属于人类物种，认为我们的物种高于其他物种的道德和神学观点，这些在过去都或多或少公开地成为传统伦理学的衡量标准。这些标准不能再继续塑造我们的价值观。这并不意味着，以同样程度的尊重去对待相似的、具有感受性、能够感知疼痛的生物是荒诞的。之前所提到的，动物权利内容和根据每种物种行为需求标准来确定的可行能力之间的关系并不与对自然主义的拒绝相悖。这种拒绝使我们重视人与动物间的许多相似和相异之处，这有利于构建一个更加公正的人与动物关系，并且尽可能地避免对动物施加暴力。

然而，从人们宣称人类和动物之间有许多界限之时[1]，人们同样也承认了自己并不是很了解动物和人类。这种觉悟并没有宣判哲学的死刑，它也不等同于任何人文主义的终结。但是，人们常常没有意识到革新哲学和人文主义的可能性。达尔文主义指出我们的起源并不同于我们以前想象的那样，

---

[1] 雅克·德里达，《明天会怎样：雅克·德里达与伊丽莎白·卢迪内斯库对话录》，第 111 页。

这引发了一场身份危机。过去用于构建伦理学和政治的人类形象不再是绝对参照，科学领域也是这样——人类感觉这是对人文主义的威胁。

不同于达尔文主义（弗洛伊德认为达尔文主义是第二次哥白尼革命①）普及书籍中通常写的那样，我们并不认为人类的傲慢和其喜好划分生物等级（人类为最高等）的癖好足以解释达尔文主义的告诫难以被接纳的原因。确实，哲学家们，就如同大部分人类，很难去承认进化中"偶然"的作用，达尔文更喜欢用"变异遗传"一词来形容"偶然"，这一词与"evolvere"表达的过程不一样。我们同样也很难去设想一个与设计规划不一致的，我们的意愿无法投射到物质上的时间。我们在解释自然选择时要谨慎，不同于畜牧业，自然选择并不是指一个育种者为了某种目的保留这样或那样的个体差异。我们还要小心地解释适者生存和社会达尔文主义之间的区别，社会达尔文主义鼓励在适应、生存和力量之间画等号，这也

---

① 弗洛伊德的这句话常常被引用。弗洛伊德，《精神分析导论》（1916），巴黎，佩约出版社，2004，第266页。尤其参照史蒂芬·杰伊·古尔德，《达尔文和生命的伟大起源》，译者：D. 勒默安，巴黎，瑟伊出版社，1997，第14页。

体现了我们难以理解物种进化究竟是什么①。然而，这些理解上的认识论障碍尤其与我们的倾向相关，我们总是倾向于按照我们的形象来设想世界并赋予各种现象一种人类心理。这种拟人倾向并未说明哲学家们还在继续肯定道：人类有专属于自己的特性。

这里的重点不是指出哲学对物种演变的漠视，也不是提及立足于物种演变的生物学哲学或科学哲学。重要的是明白为什么哲学家们一直从一个不再被接受的本体论角度出发去思考伦理学或政治，而根据生物学和起源说，以及动物掌握某些能力的事实来看，将人类和动物分离开来是不可能的，这就形成了一个哲学困局。这个困局并不会终结伦理学，但它要求修改伦理哲学、政治哲学和本体论的主要范畴，而要做到这点，就必须确定哲学思维模式和真理的特有价值。

人类和动物之间存在许多条边界。因此，我们与动物的共同之处需要鼓励我们制定一些尊重动物的规则。同样地，意识到我们与动物的所有差别是在既相近又不同的物种之间建立公正关系的条件。我们与动物的相似（尤其是猿猴），我

---

① 生存竞争优胜者是指在不断变化的环境里，拥有优秀特性的生物，它们在生存竞争中淘汰了其他生物。所以我们才说环境挑选了生物。这些生物继续存活，不断繁衍，遗传自己的特性。然而，在某种环境中占有优势的特性可能会在另一种环境中变成麻烦。与社会达尔文主义的宣称相反，在大自然中，没有一种生物具有王牌优势（本身的力量），只有某种环境中的相对优势。

们的动物性，我们的道德能力和理性能力内在于生命历史中（就像达尔文指出的那样），这些并不意味着我们贬低人类或是我们忽视了我们现有状态和动物现有状态（包括猿）之间的差异[①]。必须抛弃过去的确信想法——这种觉悟便是达尔文的主要教诲。并不是只有从生物学现象出发，人们才能思考人类问题和设计伦理学规则。然而，人们却没有真正领会这一教诲。

道德和政治哲学家们继续按照人类学或神学的某些预设中提到的人类本质来构建伦理学和法律，他们往往对接纳达尔文的教诲这件事持保留态度。他们似乎没有搞清楚，达尔文掀起的这场革命并不是又一个贬低人类的机会，而是向我们发出邀请，去寻求人类的意义。与弗洛伊德关于无意识精神状态的理论不一样，达尔文主义并不是一个怀疑流派，它不会去怀疑人类可拥有的道德品格、正义感、利他主义是性本能升华以外的东西。达尔文抬高了动物的地位，但也没有贬低人类。更准确地说，达尔文以及其继承者的工作，还有古人类学和灵长目动物学的发现，它们促使我们把人类及其起源的探索与对人类意义的哲学性思考区分开来。

如果人们今日还能谈人文主义，如果人们希望像这样表

---

① 查尔斯·达尔文，《人类与动物的情感表达》（1872），译者：D. 费罗，巴黎，海滨出版社，2001。

达，那是因为对千百年传承下来的人类理想的意义进行思考是十分重要的。我们与动物之间的关系就这种人文主义向我们提出质疑，这不是为了向我们控诉大名鼎鼎的前人——17世纪和18世纪的人，把我们带上了一条可怕的道路，而是为了使我们配得上前人留下的宝贵财富和与耶路撒冷、雅典这些名字相关的东西。这意味着，我们要改变应该被改变的东西，我们要努力向民主概念所承载的人类和社会形象靠近，德里达认为民主才是前途所在[①]。

从 l'homme 到 l'humain：一种考虑到他异性的人文主义

区分了 l'homme（人，这个词包含人类高于动物的意义）和 l'humain（人类物种，这个词意味着人类和其他物种是平等的关系）这两个词的差别，以及生物学论据和哲学概念的差别，人们会反思几个世纪以来我们所构筑的人类理想的意义。人类理想曾是启蒙时代所捍卫的文明规划的核心内容。人们可以在保留这种理想的情况下，舍弃一些被进化论和德里达解构理论极大质疑的说法，从而知道什么样的伦理学和政治

---

① 雅克·德里达，《马克思的幽灵》，巴黎，伽利略出版社，1993，第11页。

154　能够诞生于这一人类特性论说的废墟之上，此论说的理论基础和实际意义都不再为人所接受。

因此，这一反思的出发点不是批评关于动物的形而上学论说，而是重视我们与动物交往中不合理之处。德里达在分析他称为"笛卡儿谱系"的预设和不可思因素时所做的动作不仅仅也不主要在于把这种人文主义特有的暴力（他将这种暴力定性为形而上学）呈现在我们眼前。不仅德里达解构理论的这一方面已经足够突出[1]（包括关于动物的内容），我们无须多加赘言，而且，我们在这里感兴趣的是这种研究方法的建设性和创新性。

德里达的探索关键在于促使建立一种责任观念，这种责任观念会考虑到对构成我们现有的法律和伦理论说（主体、言语、自由）的范畴进行解构后所揭示的东西。这种责任观念同样也与批评自主性概念有关。

如果"我"的……自我设定，甚至是对于人类来说，包含了作为他者的"我"，……那么这种"我"的自主性就既不纯粹也不严谨：自主性可能无法在人类和动物之间划出一条

---

[1] 参照伊丽莎白·德·冯特雷，《动物的沉默》，巴黎，法亚尔出版社，1998，第699-701页，第713-716页；《动物未注视的东西》《思考动物行为》，弗洛伦斯·波盖特，巴黎，Quae 出版社，2010，第404-407页，这几页内容涉及了德里达在《省略号》第294页中谈到的食肉-男根-中心主义。

简单和简明扼要的界限。除了这样再引入的差异（人类之间，动物之间，人类和动物之间）以外，"我"的问题，"我是"或"我想"的问题转向了他者这个前置问题①。

这里的他者是所有的他者，包含动物，"是我追随或追随我的另一个我"②。

人类的多样性和生物的异质性、人类和动物的差异、以及动物们之间的差异，这些并不是哲学家们唯一忽视掉的东西。要构建的人文主义是一种考虑了多样性和他异性的人文主义，但是动物问题凸显了我们有必要更加彻底地反思我们对动物的责任③。这种责任构筑了我们的身份。我们与动物的

① 雅克·德里达，《我所是的动物》，第 133 页。

② 雅克·德里达，《我所是的动物》。

③ 词语"重视多样性的人文主义"来自阿兰·雷诺。参照《重视多样性的人文主义》。这是一种"身份的去殖民化"，它能够把共和主义（依附于人权哲学）与对主体隶属领域的认可结合起来。这个研究角度避免了多元文化和普遍主义的二元对立带来的困境，它使我们能够构思这样一群人的参与：他们的多元性得到承认，而且他们感到自己融入了集体生活中。就这样，通过充实主体哲学，这种研究角度与人文主义中的参与理想达成一致。主体哲学曾是这种人文主义的基石，但是阿兰·雷诺指出，实践主体十分重要，必须给予关注，尤其是当人们思考多元文化社会背景下的政治自由条件时。同样地，对生物多样性和异质性的考虑奠定了一种重视他异性的人文主义，这种人文主义会实现人文主义的愿景。这两种完善人文主义的方法的差别在于，重视他异性的人文主义要求对自主性概念和主体概念进行批评，用一种人类与他者关系的观念（这种观念把责任作为伦理学和政治的主要范畴，而不是自由）替代把权利建立在个体道德主体之上的行为。莱维纳斯为重视他异性的人文主义开辟了道路，本章会对后者展开详谈。

关系是否足以说明我们是什么样的人以及"我是谁"。如果这种说法是真的，即一种文明的发展程度能够通过人们对待动物的方式去衡量，那么这就更是真的了：人们将无法忍受"自己制造的动物悲剧"[1]，并且会因此去纠正伦理学和政治的思想基础。

德里达指出，那些他认为遵循主流传统的哲学家没有"下定决心，认真地审视这样一个事实：我们追捕、消灭、吃掉动物，并把动物当作祭品，利用它们，让它们为我们出力或者让它们接受严禁在人体上实施的试验"[2]。认为利用动物是理所当然的，并且拒绝臣服于他者的法律，即使他者的法律并没有强制规定我们要像对待同类一样对待动物，这种做法是有问题的。它包含了一种潜在暴力，而德里达要求我们去意识到这一点。然而，这种觉悟的目的并不是批评一些哲学，德里达以一种稳妥而宽厚的方式分析了这些哲学。这项工作"是十分彻底的，它事关本体论的差异、存在的问题、海德格尔论说的所有概念框架"[3]以及构建与我们的社会政治组织结构核心概念不同的主体概念、伦理学观念、权利观念。思考

---

[1] 雅克·德里达，《明天会怎样：雅克·德里达与伊丽莎白·卢迪内斯库对话录》，第 109 页。

[2] 雅克·德里达，《我所是的动物》，第 125-126 页。

[3] 雅克·德里达，《我所是的动物》，第 219 页。

社会契约模式以外的正义，重新理解民主概念，这些是反思命名动物方式的前景[①]。

如果德里达在研究动物，即研究人类和主体哲学过程中，偏爱把海德格尔选作对话者，那是因为，德里达认为，《存在与时间》的作者通过抛弃"深受现成在手的存在者特点，也即某种时间解读影响的主体观念"，做出了一个必要且不可逆的举措，而我们思考民主的伦理学、法律、政治基础的方式会受到这一举措的影响，但是人们还没有充分考虑到这些影响[②]。海德格尔本人也没有衡量这些影响，其关于动物的论说证明了这一点。海德格尔的动物论说依然从人性本质的对立面来考虑动物性本质。

动物问题指出了海德格尔哲学的缺陷：海德格尔没有考虑到动物的多样性，他不承认此在的动物性，这使得焦虑的经验首先是活着的、具有冲动性的肉体的经验。德里达向海德格尔抛出这个问题，他希望在海德格尔的领域上超越海德格尔，并且达到海德格尔所采取的举措本应达到的目标，如果当时同上"主体"中被海德格尔动摇的一些东西引导他转向"一种伦理，一种法律，一种政治……甚至是'另一种'民主，总之就是另一种避免最坏情况的责任类型"，最坏的情

---

① 雅克·德里达，《应该好好吃饭或盘算主体》，第281页。

② 雅克·德里达，《应该好好吃饭或盘算主体》，第281页。

况是指野蛮行径，而主体哲学不能保护我们免受其侵害①。什么样的哲学能够在海德格尔的主体哲学失败之处获得成功？这种对另一种主体观念的探索（它是德里达思想中的建设性部分，也是其最后几本著作探讨的核心内容）与他批评今日人类对动物施加的难以容忍的暴行有什么关系？

为了回答这些问题，我们需要回想，在我们之前提到的文章中，德里达与海德格尔的对话以及德里达对动物的哲学论说的研究，它们和思考同情心在社会和正义中的地位和作用是密不可分的。如果说对关于动物的霸权式论说进行解构能够揭露出大部分哲学家没有思考的东西，那是因为构建一个能够保住民主前途的责任观念需要对生物重新作出彻底的解读，尤其需要重振脆弱性，它是"思考限度和隶属于生命限度的必死性时，我们所拥有的最根本的方法"②。

同情的体验使得我们在道德、法律、社会中和我们与所有其他人的交往中考虑到脆弱性。同情的体验是能够分享"这种无能为力的可能性，这种不可能的可能性"③，因为受苦的可能性是一种"能够不能"④和一种焦虑。相比某个此在面对其

---

① 雅克·德里达，《应该好好吃饭或盘算主体》，第281页。

② 雅克·德里达，《我所是的动物》，第49页。

③ 雅克·德里达，《我所是的动物》，第49页。

④ 雅克·德里达，《我所是的动物》，第49页。

死亡的不可能性的可能性时所感受到的体验，这种体验更加原始。

同情，就是把自身代入到受苦的他者中去，"这个他者不只是长辈或者亲戚，而是任何一个活的存在，只要它是活的"[1]。同情同样也是拒绝自我认同，就像卢梭指出的那样。这种"拒绝所有被迫的认同，无论是一个文化与另一个文化的认同"，还是一个个体与社会功能、社会角色或者社会赋予他的身份的认同，这都意味着同情是"自由认同的权利，这种权利只有在人类之外和功能之内实现"：同情与所有活着并受苦的东西有关，也与"尚未成型，但是已经产生的存在有关"[2]。

这种原始的体验是尊重他人甚至是尊重他人中最不同的人的基础，列维‐斯特劳斯如是说。然而，笛卡儿和康德都没有从这种原始的怜悯心体验出发去构建他们的思想理论，而怜悯心体验把人置于生命中，促使他倾听其他生物的召唤，而不仅仅是其他人的召唤。德里达对动物命名方式的研究所揭露出来的正是人们对生物的遗忘，这是根本意义上的生物。不仅有他者和正注视着我的动物会向我发出呼唤，而且自由和本己之死都不是定义人类的首要因素。重视同情心意味着重

---

① 克洛德·列维‐斯特劳斯，《结构人类学（二）》，第 50 页。

② 克洛德·列维‐斯特劳斯，《结构人类学（二）》，第 52 页。

振感受性，这种感受性与所有身体和精神、情感和理性、动物和人类、人类和生命、自然和文化的二元论遗留下的产物，包括现代哲学的产物，都割裂了关系。同时，它所设想的主体不同于主体哲学中的主体。同情心不等于责任，但同情心预示着一种责任，即自身体验到他异性，而只有具有脆弱性的生命才能做到这样。不过，即便同情心不能建立一种政治，没有这种怜悯心的修炼，"法律、习俗、德行就不会存在"①。

我们现在正陷入一场关于同情心的战争之中，而我们和动物的关系就是其表现形式之一。要超越这场战争，不仅仅需要一种考虑了他异性的人文主义。我自身感受到他异性，脆弱性伦理学指出的身体衰弱，我们努力使另一种主体观念[一种破碎的主体，在其 conatus（自然倾向）中，"应该是其权利"的问题被提出]取代法律和伦理学建立在单独的道德主体上的现有状况，这三者的联结是德里达所说的任务，这事关建立一种帮助我们避免最坏情况的责任观念。建立此种责任观念需要"琢磨动物问题，而且这是一个漫长且缓慢的过程"②。

---

① 克洛德·列维-斯特劳斯，《结构人类学（二）》，第 54 页。
② 雅克·德里达，《应该好好吃饭或盘算主体》，第 281 页。

从同情心到责任，一种反本体论？

我们也许不可能根据人类学、自然科学，甚至哲学带给我们的人类知识来给人类下定义或构建伦理学和政治。那么我们应该用怎样的理性论说来反对我们作为大大小小的暴力施加者的形象呢？哲学能够用一种这样的人类观念：它不只是上帝形象的合理表达，我们可以说这种人类观念是"一种希望，它总是给予人类本质又一次机会"[1]，来替代对利益和现代技术特有的乌托邦式繁荣的追逐吗（这种追逐毫无疑问地会改变人类并导致人类肆无忌惮地利用生物）？我们认为这些问题是有答案的。这个答案使我们所寻求的本体论变为一种最小化本体论，因为它只包含了少数概念。然而，它又是最大化本体论，因为它的可能性意味着，除了批评把主体建立在单独的道德主体之上以外，还存在另一种非宗教性的替代方案。

并不存在这样一种人类特性：根据隶属的物种类型或性质（取决于是否具备某些能力）来决定的一种固定不变的本质。然而，人们可以说，能够抓住人性内涵和人类生命意义的核心概念就是责任概念。从同情心过渡到责任（该责任范

---

① 汉斯·乔纳斯，《责任原理》，第 267 页。

围延伸到不是我们亲戚的人类、各种文化、我们的遗产。还有还未存在并无法诉苦的个体、动物、不具备感受性的实体上），唯有人类有能力做到这样。

　　这种责任意味着对他者和大自然的关心（关心是一种道义精神、一种行为、一种承担，甚至代表着能力），但责任不限于我看到了脸的东西或者在受苦的生物，它超出了这种关心，因为它更为深刻，更加无条件。然而，如果不动摇主体，如果不从自我中走出（"能够不能"的体验，即生命的限度使得其成为可能），就谈不上责任。脆弱性不仅使我向我所爱的他者敞开胸怀，还有其他任何一个他者，包括我与其没有建立任何契约、承诺关系的他者和我看不见的他者。因此，尽管没有同情心就无法实现责任，责任却不会简化为同情心。问题并不在于了解动物是否也有能力产生同情心，而在于询问自己，人类为什么和怎么样才能从同情心过渡到责任。与其进行一些有关认知和心理方面的分析或从父母责任范式、陪伴范式、致力于同一目标的团队小组成员的团结协力范式甚至政治家责任模式中推导出责任的概念[1]，重要的是抓准这一概念的精确含义和它本质上的过渡属性[2]，就像德里达写的那样。

----

[1] 汉斯·乔纳斯，《责任原理》，第 193-210 页。

[2] 雅克·德里达，《应该好好吃饭或盘算主体》，第 300 页。

　　责任不是一种资产或一种功能，它不是一种债务，但就像莱维纳斯揭示的那样，它涉及人类的身份。不仅是因为人类需要他人和人之间的相互依赖，所以人类就是责任，就好像回应他者的呼唤是为了预订当我需要被照顾时他人对我的照料。关怀伦理学家们强调这两者的重要性：我们构筑的感情纽带以及我们所需要的认可，并给出了他们对于我们中每个人的身份的看法，但与他们的说法相反，责任甚至与这个事实无关：我只存在于他者的注视之中。责任甚至对于没有联系的他者或情感联系是苦痛来源的他者来说也是有意义的，因为我们不等于我们的关系，我们也没有把一切寄托到我们的感情纽带上，就像蒙田说的那样。人由错综复杂的关系构成，这种说法使人们能够正当地主张社会对个人负有义务，尤其是最脆弱的那一群人。这并不排斥我们想到这一群体：他们的能力是从社会和情感认同中解脱出来，而这些认同是由他们承受而不是选择的关系构筑。关怀伦理学家和一些从霍耐特的承认理论得到启发的伦理学家，他们的脆弱性研究方式都略过了真正的责任概念中强硬或过度的一面。这个概念指向一种此在方式，其中"我有权存在"的问题，而不是"罪行"，先于法律存在。责任是主体的基本特点，它是一种此在方式，这是主体的本来面目。

　　如果有人认为应该履行莱维纳斯式责任概念的承诺，那么就应该说道，责任之于人类就好比海德格尔思想中的操劳

164 之于此在。获得真实的死亡、真实的存在和真实的世界（在这个世界中，我任凭事物存在，我如其所是地思考它们），此在的基调不再由这些因素揭示。我为一个他者和所有他者所做的事，我将自己抹消并强迫自己所做的事（因为责任是一种回应和负担），我生活、存在、消费、占据世界一隅的方式，我进食的方式（同时，并不遮掩以下可能性：我现在处于向阳位可能是因为我篡夺了他者的位置，我的正当享乐权利中存在破坏性），这些都揭示了共在的结构，但其与海德格尔哲学中出现的内容没有任何关系。

对于海德格尔来说，公共世界尤其是此在的一个跳板，此在试图获得它的真实性，或者说，公共世界的重建体现了集体此在的真相，这导致了一种可怕的全体性，因为，从一开始，此在"保持自我"的执念就已经驱赶走了任何他者对自我的干扰，任何为他者所受的苦痛。人们可以指责莱维纳斯把操心自身与自然倾向作对比，认为他对斯宾诺莎不公正，但这并不妨碍莱维纳斯通过用对他人的恐惧取代操心自身和关注自身死亡，来抨击海德格尔的哲学：莱维纳斯触及了海德格尔哲学中始终囚禁于某种思维类型的东西，而这种思维类型正是德里达试图去解构的。这种思维类型导致了主体哲学的形成。问题不在于否认这种哲学的伟大性，而在于指出它在当今社会上的局限性。我们可以充实主体哲学的内容，从而转向另一种伦理学，另一种政治，另一种责任概念，它们能够帮助我们应对现代挑战和尽可能避免对我们剥削或强迫承受我们的消费模式后果的生物、动物、人类施加暴力。

这个责任概念是极简化本体论所独有的概念，极简化本体论的目标却是最为繁杂的，因为我们面临的挑战和我们意识到这些挑战后所产生的焦虑都是过度的。还有另外一个原因来解释责任的过渡性：这不仅事关与另一种主观性定义相搭配的存在方式（这超越了责任的传统概念，责任的传统概念隶属伦理学和社会政治义务范畴），而且责任是理性的，这与同情心截然不同。这个特点同样避免了责任和恐慌之间的任何混淆。它说明了，为实现一种意味着脱离自我和不仅考虑感受性作为动力的自我延伸的基调，展示人类和动物所受的残酷暴力以及预料我们的行为和科技力量带来的后果是一种教育手段，甚至是一种启发性手段。

如同不存在一种人类知识能够检测伦理学、政治、本体论到具体行动的转变，也不存在人之善，就像汉斯·乔纳斯写的那样。没有一个明确答案能够回答我们应该如何为人处世，做什么样的事才算好。然而，我们还是能够很容易发现什么是我们不愿让其发生的。此外，环境恶化风险、道德感和几个世纪以来培育的品质［对道德感和品质的看重塑造了思想启蒙时代人们的品位和礼仪（古时候的高贵和德行，以及文艺复兴时代的人性）］的丧失，它们为我们提供机会去了解我们珍视的东西和我们为了保护它们而愿意付出的代价。

"只有当我们知道该物处于危险状态时，我们才了解什么是重要的。"① 当某东西处于濒危状态时，我们才会认可它有价值。

意识到美和善或者我们认为美好的事物是脆弱的，看到人之恶或者德里达称为"糟糕"的东西，这些都可以调动人类情感，使我们从同情和焦虑过渡到责任感；并且，听见他者和所有他者的呼唤，尽管有各种各样的不确定性，我们会满足"我是谁"中的"谁"向我们提出的要求。这种责任是过度的或者它并不是过度的：这种责任是一种此在方式，它是此主体所特有的——该主体不仅会自我保存，而且它的 conatus（自然倾向）还包含了不对土地施加不可逆转的破坏、不去篡夺他者的位置。该责任超过了我们此地此刻看到的和我们可以估量的范围。它同样涉及后代以及与我们相距甚远以至于我们无法代入到它们身上并感受到怜悯的实体。

我们需要一种责任概念，它要超越关怀伦理学家思考任何旨在挽救世界的行为时所使用的那种责任概念，因为我们身处在这样一个时代：科技和劳动组织方式能够把我们转变为"无辜的罪人"② 或"无过错的罪人"③。我们无意之中做了坏

---

① 汉斯·乔纳斯，《责任原理》，第 66 页。

② 君特·安德尔斯，《良心禁区》，《遍地都是广岛》（1995），巴黎，瑟伊出版社，2008，第 312 页。

③ 君特·安德尔斯，《遍地都是广岛》1982 年版序言，第 45 页。

事，至少没有马上反应过来，因为受害者是无形的，它们时隔很久才暴露出问题或者它们数量巨大以至于我们的想象和情感可以操纵我们的意志。如同君特·安德尔斯和汉斯·乔纳斯看到的那样，由于我们行为方式的转变和技术的力量，我们的责任超越了我们的感受性：行为方式的转变和科技的力量造成的总体长期后果使得我们必须重视这些个体的福祉，我们与这些个体没有感情联系，我们看不到也无法想象它们。

人应该与其他人建立联系，而科技在我们和受我们行为影响的人之间拉开了距离，因为信息技术成为关系的媒介，个体们都变成了数字符号，受害者的数量是如此庞大以至于人们变得麻木，或者说从这个高度来看，地球是"可以被毁灭掉的"。就像君特·安德尔斯透过飞机舷窗看到山脉和人类的轮廓时写的那样，"可以理解的是，在这个高度上我们不再有所顾虑，开始实施一些毁灭活动，就好像毁灭不是什么大事一样"[1]。他想到了克劳德·伊特里，后者只有在看到广岛核弹受害者照片时才意识到他的举动的严重性，君特·安德尔斯继续写道："我也是，无疑地，（如果我是他的话）我也不会受情感所影响。"[2]

---

① 君特·安德尔斯，《桥上的人》《遍地都是广岛》，第81页。

② 君特·安德尔斯，《桥上的人》《遍地都是广岛》，1982年版序言，第45页。

168 　　同样地，我们已经看到了生态学（它说明了好的意愿不一定都会带来具体成果、生活方式上的实际改变）的主要问题在于应对环境危机要求一种大地伦理学，一种不仅仅向功利看齐的人与大自然的关系。伦理道德或法律无法解决环境危机，它需要彻底改变人类对自身的看法和人类对自身与他者、大自然之间关系的看法。必须改变本体论思想，这意味着要解构主体哲学，用另一种思想替换它，这种思想要构建一个精确的责任概念。

　　这个责任概念是脆弱性伦理学的核心概念，它是一种既不是"我优先"也不是"身后之事与我何干"的主体结构。这个主体扩大了它对于时间、空间、自我和塑造自我的东西的感知。然而，这个主体不能承担一份这样的责任，除非主体自主摆脱一切阻碍责任实现的因素，不理睬一些人对于责任的过度特点的嘲弄。脆弱性伦理学的主体是一个破碎的主体，它不仅具有同情心，因为它经历过了同情的考验，并且不为感受性动摇不定的代入认同和我们的代表制局限性所左右。这是一个遭受过损害的主体，对于它来说，恶是可领会的且实际存在的。

　　动物可以帮助我们越过我们现在正在经历的同情心战争，具体来说是因为我们不再处于抵赖状态，而是变得越来越冷酷无情，无动于衷。我们和动物之间关系的变化深刻地影响到了我们与我们自身之间的关系，这些变化会引导我们走向我们所寻找的主体概念和我们所希冀的另一种民主。对动物施加的暴力包含了暴力会延伸到人类身上的可能性，它"会深刻影响（有意识或无意识地）人类对自己形象的看法"①。暴力使得这种形象变得难以容忍，并要求我们承认：我们的发展模式和社会组织方式是失败的，我们的正义其实是不公正的。

这个转变已经在进行中了，鉴于越来越多的人认为我们对动物所做的事情（我们强迫动物生存在一个可怕的体系中，要它们去适应大量生产模式，而这甚至对人类、他的健康、他的环境、他的工作条件和幸福都没有半点好处）是荒谬的。这个转变将对本体论和伦理学中概念的意义和价值产生影响，它还会改变我们同他者关系的意义②。不只是疯牛病和禽流感危机体现了动物和人类之间的连带性，而且不同政策的无效性和矛盾（它们混淆了善的范畴，并且以生产率和表现作为标尺来衡量一切）也使我们越过正义的边界并要求我们转变身份，在转变中，决定我们与他者关系的因素也使我们的弹性成为可能。

① 雅克·德里达，《明天会怎样：雅克·德里达与伊丽莎白·卢迪内斯库对话录》，第 109 页。

② 雅克·德里达，《明天会怎样：雅克·德里达与伊丽莎白·卢迪内斯库对话录》，第 109 页。

3

·
·
·

工作分工和团结互助

"尤其是日常生活的机械性循环往复阻碍了某种对残酷畸形世界有力且必不可少的回击。……如果人们今日依然是雅典古城时期那副样子，那么历次革命和整体历史将会以不同的形式发生：人们都具有自主性并与集体维持一种联系，而不是手脚被其职业和时间安排所束缚，依赖于众多超出其应付能力的事物，而这些事物都隶属于一种他们无法控制的机制，人们就这样行走着来说明一切尚在轨道之上，当他们脱轨时则感到惊慌失措。只有在日常惯例中，才存在安全感和时间。在此之外，立马就是野生丛林。任何一个20世纪的欧洲人都会迷惑地体会到这种感受，带着焦躁不安。这是为什么他会犹豫不决是否要做任何一件可能导致他脱轨的事情——这是一个他自己就可以主导的大胆且不同寻常的举动。这就是破坏文明的各种巨大灾难的起源处。"

塞巴斯蒂安·哈弗纳

《一个德国人的故事，回忆（1914-1933）》

工作分工作为政治问题

政治哲学的观点

近几年来，社会哲学研究员们一直很重视企业工作的不稳定性现象和一种群体类别的产生（这一群体的痛苦可以说是无形的）[1]。这些人都有工作，但是他们薪资特别低。他们签订了固定期限工作合同或者长期生活在解雇的威胁之下，又或者如同许多年轻的毕业生一样，感到自己被迫使进行一个又一个的实习。那些没有家庭可以提供资助的人常常在住房

---

[1] 参照纪尧姆·勒布朗，《普通的生活，不安定的生活》，巴黎，瑟伊出版社，2007；《社会无视》，巴黎，PUF出版社，2009。以及纪尧姆·勒布朗的参考书籍，尤其是阿克塞尔·霍耐特，《为承认而斗争》（1992），巴黎，塞弗出版社，2000；《充满蔑视的社会》，巴黎，探索出版社，2006；朱迪思·巴特勒，《不稳定的生活》，巴黎，阿姆斯特丹出版社，2004。同样参照伊曼努尔·雷诺，《社会疾苦：哲学，心理学和政治》，巴黎，探索出版社，2008；《认可和工作》《精神病理学和工作的心理动力学国际杂志》，巴黎，马丁媒体，2007，n°18，第119-135页。

174 和获得适当饮食方面遇到难题。当这些物质问题堆积起来并且似乎无穷无尽时，就更加让人难以承受了。看不到发展前景和这一群体感受到的社会轻视（因为社会既不认可他们的才能也不认可他们可以贡献社会的能力）都使得他们的处境更加艰难。这些因素导致他们逐渐消失在公共世界中，不再参与城市事务。这种参与和政治代表的缺失增强了他们的无形性，把无形性变成了天命。无论是处于失业状态或身兼数个小职位的年轻人，还是劳动者，通常是兼职的女性劳动者或在解雇后无法找到一份工作的提前退休者，对于个体的蕴含都是一样的：认为自己没用，感到羞愧，由于无法在社会上占有一席之地而感受到的苦涩，这些情感不仅仅是一种边缘化疾病，而且构成了对自我认同的伤害，这是一种深层次的折磨，它会对精神、情感、社会生活的其他方面以及身体健康产生影响。

这些评语指出了阿克塞尔·霍耐特分析的准确性。阿克塞尔·霍耐特把研究员的目光吸引到这一必要性上，即把认可的需求加入任一正义理论中。如果我们想要弄清楚一个以认同每个个体尊严为目标的社会的环境条件，我们就不能只关注资源分配和初级利益再分配。在并不否认三个层次（在这三个层次上，每个人都经历了认同——爱、权利、社会贡献）的合法性情况下，人们依然可以询问自身，社会哲学所作的研究是否完全揭露了自 80 年代以来形成的工作分工的争议之处，这些研究是否阐明了这个问题和社会政治生活的其他方面之间的联系。

实际上，这个研究方法并不能足够彻底地审查工作分工中建立的体系和指明此体系背后隐藏的东西，也不能检查其危险性，甚至是其极权偏向性。这些偏向性可以用来解释一些明显互相矛盾的现象，它们表现在社会和政治方面，并且伴随着工作中的痛苦产生。在这些现象中，人们可以观察到，个人越来越能够容忍不公正的事情，而且常常以贸易论据或经济危机为借口替其开脱。这样一来，人们就可以理解为什么这一糟糕之事（尤其是一种"被迫工作不当"）很少被揭发出来，连职员都选择缄口不言[①]。当一些惨剧发生时，人们会谈及它，但是这些惨剧往往被认为是意外事故，而这些惨剧实际上描述了无数个人经历的日常活动。

这一事实比这种观点——艰难的经济环境使得人们对不公正之事充耳不闻，这是一种人们的屈服——走得更远，在此事实之外，我们需要注意：与此同时，在社会斗争中，还出现了个人主义要求。其中有一些个人主义要求（即使有一些是可以被理解的）对社会人口改变现象视而不见或漠不关

---

① 克里斯朵夫·德儒，《法国的社会疾苦》（1998），巴黎，瑟伊出版社，2009，第22-23,36页。

心自身的社会影响，这体现出一些人不再关注共同利益[①]。一方面，一些工作的个人被越来越严厉的控制体系所压抑，他们被迫向这些机制妥协低头，放弃自己的原则，而每个人都在这一过程中伤痕累累。另一方面，人们感到，在一个强调个人主义、"各自为政"的大环境下，法律和政策的目标是服务于那些被它们碾压的人们的自由：人们被工作所束缚，想要确保在私人生活中，能够做自己想做的事。

认为通过集体实现和集体繁荣，而不仅是集体中的自我实现来完成自我实现的想法基本上已经消失了，这就使得阿克塞尔·霍耐特所说的"认可需求"变得更加复杂。"被迫工作不当"同样拥有另一种意思：一些工薪族最终会草率对待工作，因为过快的工作节奏让他们无法集中精力对付每一个要完成的任务，同时也因为职业不再是自我实现的场所。职

[①] 有人会想到，一些人和一些集体拒绝提出退休改革和社会分摊金时限延长的问题，而我们知道，寿命的延长和社会人口结构的变化要求我们从现在就开始思考解决方案，从而做到尊重代内公平和代际公平，这也并不妨碍我们为改善工作条件和方便人们换职业（通过培训）而奋斗。同样地，有人会为这两者之间的巨大差距而感到惊讶：一方面，关于医学辅助生育开放标准的辩论如火如荼地开展着；另一方面，知识分子和一些人闭口不谈我们对生物的利用，尤其是动物。对环境的关切，首先要求我们转变生活方式，尤其是减少肉类食品消费，而人们却没有很积极地就此问题开展辩论。我们并不是想要批评人们对于医学辅助生育问题的关切，这是完全合理的，但是我们可以注意到：与个人私生活有关的请愿往往更加声势浩大，而关于集体的未来的问题却不能引发同样的热情。这种情景与德儒所说的道德良知滑坡有关，我们接下来会谈谈道德良知问题。

业被看作是苦差事，如果人们想要获得出去度假的资金，就必须履行自己的义务。人们投入大量资源到休息时间和私生活中，就好像它们是唯一的生活，服务精神趋向于消失。这种现象的负面影响之一是，它会侵蚀管理人员和其下属之间的信任感，以及消费者和公共服务机构工作人员——邮递员、公务员——之间的信任感，后者常常被批评不再可靠，带有一种"窗口精神"。这种精神状况会加强对于控制的迷恋，并且促使人们接受个人品质评估的必要性。

在同一个个体中出现了这两种相悖的趋势，这造成了个体的分裂。两种趋势的同时存在也分裂了社会：一方面，人们看到一些劳动者与迫使其工作不当的体系互相配合。管理人员和他们评估的职工不遵守职业道德，但是他们又表现出了一种热情，这种热情使得一个完全与服务或生产现实脱节的体系能够继续运转下去。一些人有时候必须靠作弊去达到某项基于结果而不是业务上的评估制定的目标；而另一些人则创造了一些"驱魔仪式"①，在这个仪式中，他们劝服自己，

---

① 克里斯朵夫·德儒，《法国的社会疾苦》，第125-126页。作者影射了这样一种饭桌场合——管理层人员在饭桌上放言无忌，抛开合理化和知足常乐的论说：重建社会保障的平衡和减少"社会效益"的观点和对社会受害者的轻视，这些都体现了某种挑衅和散发大男子主义气息的犬儒主义，那些干劲十足干着"肮脏行径"的人就像是"牛仔""杀手"。

他们的方法是有理有据的，并且积极捍卫着企业立场[1]。为了让自己免受解雇恐惧带来的精神影响，他们努力地不去正视工作管理观念给工薪族造成的一些痛苦，有时候，他们甚至为此辩护。这种工作观念的特点是否认现实[2]和我们在谈及工业化饲养时所指出的优先顺序颠倒：在现有的工作分工中，人类必须适应提前设定好且过高的赢利目标，然而常理却要求我们按照业务或服务以及它们对劳动者的要求来构想工作效率的定义。

另一方面，在社会边缘存在着一群没有工作的人。他们居住的世界对我们刚刚描述的世界来说是陌生的。因此，隶属于不同的两个世界的人们难以相互理解，让他们做到团结一致的感同身受难以实现。在这些失业人群中，人们可以碰到一些人拒绝通过工作的方式来参与到社会之中，因为长年以来的社会忽视使得他们与社会"脱节"或者因为他们不接受任何职业自带的约束。人们还会发现，有一些人尽管赞同社会正义理念，却认为他们的个人价值要比与他们学历相匹配的职业高级得多，以至于他们拒绝按照职业生涯的传统步骤往上爬升，而是利用关系去获得一份体面的工作和优厚的

---

[1] 克里斯朵夫·德儒，《法国的社会疾苦》，第 74,87 页。

[2] 克里斯朵夫·德儒，《法国的社会疾苦》，第 70-73,78-79,85,99-100,126 页。

生活条件，这是极少数现象但并不是意料之外的，至少在社会经济地位占优势的群体中是这样的。

人需要认可，而法律不平等和歧视是不公平的。社会应该认可每一个人的尊严。然而，社会尊重并不是一项债务。此外，在我们国家，这种现象是很常见的：人们总是首先要求社会赋予他们完成自我实现的资源，甚至要求社会给他们带来名誉这一稀缺资产，而不是询问自己能为集体贡献出什么。换一种方式说，每个人对于第三层次的认可概念（认可表现形式的第三层次，即工作和社会重视层次）的解释其实就是他们对于集体的期望以及他们面对他者时所占据的立场。

霍耐特关于认可需求的论说在一个个人感觉与集体息息相关的社会中尤其具有说服力。的确，《为承认而斗争》的作者坚持主张情感联系在个性发展和构造中的重要性，他还指出了从哪一角度上社会尊重促进了自尊。人需要他的工作和他的贡献获得认可从而与他自己的身份有一个融洽的关系。同样地，孩子需要母爱从而获得安全感，使他在孤身一人时也能够充满信心。许多阿克塞尔·霍耐特的后继者都坚持主张这些基本要素，强调了社会轻视的后果，把在界定正义时对认可需求的考虑作为标杆来指导打击种族、性别、宗教歧视的公共政策。然而，他们似乎忽视了一个事实，那就是，如果阿克塞尔·霍耐特和黑格尔（他们的主要参考对象）也是这样做的话，那是因为社会对这些个体来说是有价值的，不仅仅限于社会能够赋予他们的权利和认可。

当生活不仅仅由私生活构成，生活具有公共意义时，就像黑格尔、亚里士多德或新亚里士多德学派论说中说的那样，社会认可就变得更为重要[①]。社会认可不只力求达到自省，不同于它在我们这个信息发达的社会逐渐变成的那样，在我们的社会中，名气变成了成功的标准，一种物质财富，而不是个人的才能或贡献或多或少偶然获得的褒奖。在这样的大环境下，社会和除了近亲以外的其他人都被视作"我"的工具，这就改变了认可需求所对应的期望。如今被多种条件所左右的认可需求让我们远离了阿克塞尔·霍耐特所说的这个概念的原意。

况且，我们已经说过好几组社会群体之间的鸿沟是现有的工作分工和政治组织方式导致的，它们既是原因也是后果。这样的鸿沟无法调解不同社会阶级、私人领域和公共领域，就业者和失业者之间的矛盾。此外，它助长了经济战争推论，而这个推论促使工薪族拼命忙活，从而无暇顾及其他事情。它同样也成了揭露福利国家负面影响的借口，福利国家被指责使人们失去责任心并且鼓励了经济援助。最后，它还解释

①比如查尔斯·泰勒，他主张的社群主义是一种提倡多元文化的政治哲学。参照查尔斯·泰勒，《多元文化：差异和民主》（1992），巴黎，奥比耶／弗拉马里翁出版社，2005。

了将个人优点的概念（这一概念早已被罗尔斯排除在外）作为正义标准的行为。当这个极难定义内容的概念重新出现时，伴随而来的还有穷人们受到的轻蔑以及一个以社会排斥（各种形式）为核心的反动式政治[①]。

社会哲学领域研究员们的分析不足以让我们把工作的社会分工当作一个真正意义上的政治问题去思考，即一个牵涉到社会政治生活的思想基础的问题，对应于一种不单单涉及劳动和社会斗争，而且涉及生活其他方面以及或明或暗确立的国家类型的社会组织结构。我们不能单凭这个事实来寻找原因：通过运用权利和平等方面的词汇（罗尔斯）或认可需求方面的词汇（阿克塞尔·霍耐特）以及描述普通人平常所遭受的暴力行为，社会哲学领域的研究员们不能说服那些与其政治观点相反的人。但很明显的是，如果我们遵循他们的分析成果，我们会被再次带到过去的分歧中：一方面，社会正义被加强；另一方面，竞争愈演愈烈，成绩表现越来越被

---

① 要注意到，自由至上主义者也否认个人优点这一概念，尽管他们和自由平等主义者从中得出了截然相反的结论：继罗尔斯之后，后者把正义准则，尤其是差异性准则，以及倾向弱势人群的再分配政策的必要性建立在这种观点上：我们配不上我们的个人才华，也配不上我们的社会阶层赐予我们的优势。对于自由至上主义者来说，这同一种观点说明了：通过纳税的方式把保罗的财产再分配给皮埃尔是不正义的。让-法比安·施戴茨，《废除偶然性？个人责任和社会正义》，巴黎，弗杭出版社，2008，第14页。参照罗尔斯，《正义论》（1971），巴黎，瑟伊出版社，1997，17节和48节。

182 强调。

　　社会哲学领域的研究员们，非自愿地，强化了我们社会的悖论和分歧，还有社会的双重标准：人们从未如此多地提及脆弱性、关怀、对他人的关心照顾、与不稳定性相关的社会轻视，在我们这样的一个时代，没有人能够否认，哪怕一分一秒，与对安全感的执念紧密相连的成绩论风头正盛。这种论说和对失去谋生手段的恐惧加深了人们对他人的不信任感和对未来的忧虑，它们削弱了个人的抵抗力量以及支撑个人在私人领域以外，在执行工作和公共领域中照料他人的力量。那些沟通策略破坏了公共领域的构成，公共领域现在就像一条难以通行的道路。这条道路上到处都是相互矛盾的指令，以至于无法分清大家共同享有的东西以及既不属于你也不属于我但却属于大家的东西。

　　然而，人们在检查工作分工和一些为让大多数人参与经济事务而建立的体系时，总是从社会哲学角度转向政治哲学角度，这时就出现了一种反常扭曲的逻辑。政治哲学不仅仅探察祸害的后果。它同样试图探查祸害的原因或揭示一种组织形式的特点，这种组织形式可以解释工作环境恶化以及伴随而来的精神、伦理、社会苦痛，这些痛苦的加剧又解释了人们变得冷酷无情以至于"达到一种疯狂状态，即失去真实感"[1]的原因，并且说明了体系的运转模式和其效率。实际上，体系就是这样被设计的，如果没有人彻底对它提出质疑，它就会长久地扎根，不仅吸收一些守规矩的人员，还有一些热忱的个人，他们与邪恶合作，却并未因此变成毫无道德感的怪物。

这样的社会政治组织模式是如何成为可能的？怎样去解释这样一个体系——它无法让任何人获得幸福，不一定能够产生性质上更高级的工作，甚至不能保障效率和安全这两个作为其存在理由的因素——能够吸纳一些"好人"[2]参与到其中？这些问题就是德儒提出来的。他利用精神病理学和工作心理学知识去分析为支撑这些约束和痛苦而设立的，却是情况恶化的个人和集体策略[3]。他同样受到了汉娜·阿伦特的启发，后者描述了极权主义的动力并且十分担心可能"在极权体制倒台后依然存续"的"极权主义性质方法"[4]。

远不是不让我们去进行哲学思考，去分析一种不是宿命而是基于威胁到民主价值的旁门左道的政治组织方式，德儒

---

① 塞巴斯蒂安·哈弗纳，《一个德国人的故事》，第306页。

② 克里斯朵夫·德儒，在《法国的社会疾苦》中多次表达了这个观点。

③ 克里斯朵夫·德儒，《法国的社会疾苦》，第169-184页。

④ 汉娜·阿伦特，《极权主义的起源》（1951），巴黎，瑟伊出版社，2002，第279页。

关于工作中恶的普遍化现象的探索是我们研究进程中很重要的一步。如果我们在寻找罪魁祸首、批评政治家、不断强调人们的个人主义或怯懦之外，还想了解我们怎样才能引导自己迈向一个更能坚守人类尊严平等原则和重建公共领域，使人类的团结一致成为可能的社会模式的话，我们就应该正确地鉴别出恶。因为只有在这个条件下，我们才能跨越个人要求日益膨胀和对福利国家的反动抗议之间的冲突，才能终结既强调社会哲学研究员工作的贴切性又强调他们的政治无力性的双重言论。

否认现实和沟通失真

从劳动者叙述中获得的对于工作的主观性描述和由"高质量"的"工作作风部门"和"人力资源部门"① 提供的管理层版本描述之间的差距并没有逃过管理人员的眼睛。这些管理人员知道工作节奏和赢利目标不具备现实性。同样地，他们并没有完全忽视劳动者的痛苦，比如我们可以看到，在员工自杀后，管理人员会马上被询问相关情况。然而，这种痛苦和工作现实成为否认无视的对象，而"一种沟通失真的策略②"正支持着这种否认无视。

---

① 克里斯朵夫·德儒，《法国的社会疾苦》，第64页。
② 克里斯朵夫·德儒，《法国的社会疾苦》，第82页。

　　德儒的观点是指出使得"好人"参与到一个不适宜且不公正的管理体系去的合理化"欺骗了道德感，但没有消除道德感"①。它不仅把恶包装成善——这是解决政治问题的极权性方案的特点之一，而且，与恶媾和的人，甚至带着骄傲感去做这种事的人，都不具备个人责任感，因为他表现得就像一个服从于以提高经济效率为借口而存在的机制的部下。"吸纳"经济学论据也是这种合理化的组成部分之一，这种合理化使得个人能够推动体系运转，并且鼓励他们拿出干劲，而不使他们成为罪魁祸首。"每个人，即使是那些个人亲身经历过极不公正待遇的人，都可以在谎言被揭穿的那一天断言道：'我什么都不知道'。"②

　　这种机制的核心就是谎言，这是极权制度和现有的工作分工方式之间的共同点之一。德儒的思想方法的有趣之处不在于极权主义和现有的工作分工方式之间的类比，而在于它使我们反思现在的社会和政治组织模式以及他们走向极权主义的可能性。工作分工模式与福特制没有太大关系，尽管工作组织模式与劳动分工有关，而且一些关于任务重复和时间限制所引起的认知和心理损害的分析往往都是贴切的。企业组织模式的创新之处以及近些年来公共服务机构的创新之处

---

① 克里斯朵夫·德儒，《法国的社会疾苦》，第 133 页。

② 克里斯朵夫·德儒，《法国的社会疾苦》，第 136 页。

186 　就在于管理上。而且，管理模式被视作绝对规则，对于人类统治也是一样。这就是主宰不同领域的组织结构改革的思想逻辑，比如健康、教育、研究领域，它也替代了政治。

　　谎言在于这个事实，即我们从最佳成绩、最大化的赢利率数字或最优表现出发去描述商品生产或服务，而不以它们的来源活动作为起点。谎言还在于创造一些漫无边际的做法，它们充斥了整个公共领域，使得经验反馈变得不可能，并且迫使个体们缄默不言，陷入孤立状态，汉娜·阿伦特将这种状态称之为孤寂①。任何没有达到这些目标的工作都被认为是有缺陷的，怪罪于员工能力不足，不够认真，太鲁莽，这些都被解读为"人为因素"②的错误。

　　对管理的过度吹捧抹消了工作精神，工作精神是指男人和女人透过他们的精力和创造力投入到一项任务中的东西，即使这项任务是上面的规定，它也包含无法预知的一部分，要求员工具备高尚的品格和出色的判断能力。判断能力是"评

---

　　① 克里斯朵夫·德儒在《法国的社会疾苦》第213页引用了汉娜·阿伦特的文章。参照《极权主义的起源》，第305-306页："孤寂是一种困境，当人们生活的公共领域（在那里，人们一起行动，致力于共同的事业）被摧毁时，人们就会被赶去这种困境……只留下纯粹的为工作付出的努力，换言之为了生存付出的努力，人类与世界（作为人类的创造）的关系破裂了……孤立变成了孤寂……极权统治建立在孤寂之上，建立在绝对的不归属世界感的经验上。"

　　② 克里斯朵夫·德儒，《法国的社会疾苦》，第85页。

估"一词真正的含义,它意味着个人信任自己和别人。这在护理行业中尤其重要,在这些行业里,仅有技术能力是不够的,照料病人需要真正的团队配合,对于教育行业以及(广义上)所有需要构筑关系的职业来说,这也是格外重要的①。这种显示出对工作现实的否认和对人类附加值不屑一顾的管理观念与人们过于信任技术、认为科学可以控制世界的信念有关。

在政治上,这种管理理念体现在两种权力象征上,它们是两条死路:技术官僚制度和选用充满魅力的领袖②。尽管这两种权力象征看起来是对称且逆向的,它们却遵循同一种反民主逻辑。它们意味着否定一切对公民的信任,两者完美地做到相互接力。当两者中的一方犯了错,另一方马上赶来帮忙。因此,当以计划和审查为主导的政策与现实发生冲突时,决断主义和呼吁领袖表达意见的场景就毫不迟疑地重现了③。承认了自身局限的管理理性并没有让位于公众理性(公众理

---

① C.佩吕雄,《破碎的自主性》,第43页。同样参照:"重症监护中的自主性",护理人员的自主性是尊重病人的必要条件,尤其是在护理人员无法获得病人的同意的情况下,条件是实施对话伦理学原则和医疗团队团结伦理学原则。

② 阿兰·雷诺,《威权的终结》(2004),巴黎,弗拉马里翁出版社,丛书,2009,第103-120页。

③ 阿兰·雷诺,《威权的终结》(2004),巴黎,弗拉马里翁出版社,丛书,2009,第117页。

性意味着创造一个真正的讨论空间），反让道于非理性和专断以及随之而来的破坏性激情。

那些还没丧失道德感的人可能会赞同管理论说，它没有破坏他们的品质却损害了他们的思考能力。这个事实说明了他们会继续善待他们的亲人，尽管他们会不公正地对待他们的下属。之所以出现这样的场景，那是因为瞄准企业内外部的宣传活动，客户眼中的品牌形象，企业在股市中的股价，以及"重视"员工的企业文化都促进了这个论证了地狱般的生产节奏和个人评估（实际上是量化评估）的合理性并建立在"成果中心"和"利润中心"碎片化之上的管理论说的产生。体系得以运转，靠的是在沟通交流中捏造篡改信息，遵循管理逻辑，执着于赢利率，坚持用战争场景来做隐喻。

呼吁企业和职工以及年轻人（他们被雇用是因为他们有强烈的意愿，是"企业的新鲜血液"）活跃表现是一条口号，它使我们认为所有人和每个人的投入参与，他们的动员和牺牲能够打赢经济战：各种层次的人们都参与了这项事业并且重拾这个词汇。即便他们并不是打从心底相信这种思想意识，他们屈服了，因为这种失真沟通策略"由上而下，从各个社会阶层传递下来，吸纳着更低一级的阶层"[1]，每个人都会对比

---

① 克里斯朵夫·德儒，《法国的社会疾苦》，第79页。

他低一级的人施加这种压力。

那些被恶劣的工作环境所折磨的人往往会使用企业术语。他们运用着战争式词汇，似乎信奉着现实政治就像信奉着宿命一样，并且摆出经济学论点去维护他们深受其害的压力。这个词汇的问题至关重要。这是一个政治问题。实际上，无数人都遭受着同样的痛苦，但是他们偏安一隅，默默忍受。他们只会向他们的亲人或心理师抱怨恶劣的工作环境，但是他们不会在公共场所表达出这些观点。如同那些在工业化饲养业工作的人一样，工薪层承认这种工作分工模式远不是理想的，而且，当需要"和数据打交道"时，人们就会感到痛苦，甚至感到不安，但同时，他们也接受了这种状况。

认为这种接受是屈从或绝望的说法并不能让我们思考这种恶的特别之处或是理解它的感染力。接受不仅与害怕和压力有关。它还与这个事实相关，即用于描述现实的词语已经脱离了其原意。在这种词汇意义的偏离中，增值指的是物化，质量指的是数量，个人评估是同质化的工具和个人主义的沃土，随之而来的还有失去理性，它是否认现实的产物。这意味着对抗恶要从语言和创造正确的话语、真实的话语下手，在其中人们不会曲解词语，并能够开拓出一个讨论空间。为此，我们不仅应该从利用恐惧来实施统治的体制中跳出来，还要脱离战争论。人们常说战争会加强个人主义。事情并不总是这样发展的，例如，我们看到一些反抗运动在本质上并不是军事化的。相反地，"援引战争促使人们停止审议伦理问题"①，就好像人们没有作恶的选择，人们没有责任。

失真沟通策略的能力在于它可以把不好的东西伪装成一种必需品，甚至是伪装成美好的事物，它还会孤立人们，这些人的精力和智慧只是用于忍受上述流程和适应既定目标的要求。此外，似乎除了这一套论说以外，就不再有现实了。广告业和大众媒体提供的宣传手段服务于这套论说，现在的企业和政治家也喜爱用这些手段，并为其投入大量资金预算。最后，电视新闻节目和政治界大肆渲染这套论说，运用着同样的词汇，包括他们在为弱势群体的命运所感伤时，他们对这个体系引发的后果感到惋惜遗憾，但他们却很珍惜这个体系的建立原因或者他们还没有完全察觉这个体系的危险性。这个体系折射在公共政策中，是一种思想意识形态，它的严密性对个人造成了灾难性的影响。它的严密性不仅造成主体内部分裂，而且使主体难以抵抗恶，这再一次显示出工作分工模式是一个政治问题，而且无论政治解决方法是极权性质还是民主性质，它们都扎根于人与自身、人与他者的关系中。

难以抵抗坏恶之事是那些加入一个超出其应付能力的社

---

① 克里斯朵夫·德儒，《法国的社会疾苦》，第134页。

会政治组织体系的人的特点，他们无法控制这个体系，而它带给他们一种无力感，这又使情况变得更加严重。管理逻辑以及其中威胁人文主义的所有因素在社会各个阶级中不断蔓延，它们成为唯一的现实。然而，如果说戳穿这个体系的真相很重要，那么我们要做的不仅是谴责批评它，还要指出它就像极权主义思想意识形态一样，只是妄想。

面对坏恶之事的脆弱性和坏恶之事的传染

那些本性并不坏的人，他们是如何能够接受与恶为伍，折磨其他人和动物，抑制住自己的痛苦，想象着他们用一腔热情和英雄主义升华了这些痛苦，他们所遭受的不幸并不是不公正的，相反却是他们的勇气和适应现实能力的体现。事实上，很少有人坏到不会对他人产生一点点同情心。问题在于"他者"指的是他们的亲近之人，他们可以看到和摸到，并且有着特殊关系的人。

这就是德儒分析"过于遵守社会行为标准现象汉娜·阿伦特"以及"近端"世界和"远端"世界的区分的有意义之处。他受到了汉娜·阿伦特著作的启发，又超越了汉娜·阿伦特关于"平庸之恶"的解说所带来的简易化定义，德儒分析了艾道夫·艾希曼的心理结构。这种心理结构不常见，但也不是意料之外的。它尤其帮助我们去理解"动员大众参与到合理化暴行的方法流程"[1]和使得人们无力抵抗坏恶之事的因素，其中包括不持纳粹思想的人。

在近端世界中，艾希曼是有感情的。他对外展现出喜爱和信任感并且关注那些让他感到负有责任的人。"他能够信守承诺。他不是一个墙头草……所以他并没有丧失道德感"[2]。相反地，在远端世界，即"缺乏能够让他马上感知的联系，无法设想出任何关系"[3]的情况，面对那些生活在他的世界以外的地方（只有工具理性主宰一切）的人，他没有任何同情心、怜悯心和移情心理："人类和事物对他来说差不多具有同样的地位。"对于上述那些人，"他展现出了一种几乎彻底的情感冷漠，一种无懈可击的漠不关心"[4]。面对那些从他道义世界中抽离出来的人，他没有任何责任，他的道义世界已经变为"一个极其以自我为中心的精神世界和人际关系世界"[5]。这种心理

---

① 克里斯朵夫·德儒，《法国的社会疾苦》，第 154 页。

② 克里斯朵夫·德儒，《法国的社会疾苦》，第 163 页。

③ 克里斯朵夫·德儒，《法国的社会疾苦》，第 163 页。

④ 克里斯朵夫·德儒，《法国的社会疾苦》，第 163 页。

⑤ 克里斯朵夫·德儒，《法国的社会疾苦》，第 164 页。

机能是某些精神病理学家称为"过于遵守社会行为标准现象"①的特点。从这个意义上来说，阿伦特有理由说艾希曼是平庸的：他没有想象力，不能想象他者的主观状况，只能与康德的思想背道而驰，他没有普遍性和相互性概念，而这些是定言令式的核心内容②。

那些加入一个迫使他们做出"肮脏行径"的社会政治组织体系的人并不像艾希曼一样具有条理性：过于遵守社会行为标准或平庸之恶并不是指他们的人格架构，但这种人格架构是一种防御策略的产物。他们并不是完全循规蹈矩，但是为了预防不稳定状况的风险和与他们自身的痛苦做斗争，他们在处理自身和世界以及自身与他者关系时暂停了思考的能力。因此他们在工作中能够表现得冷酷无情，不为他者的不幸遭遇所动，或者不认为他者的不幸是他们牵涉其中的不公正行径导致的结果。与政治操纵和不稳定状态及社会驱逐的

---

① 杰克斯·舍特，《比斯芒阿尔和弗洛伊德的对话以及科学精神病学的现有结构》《现象学，精神病学和精神分析》，P.费迪达，巴黎，回音—百夫长出版社，1986，第 55-77 页。乔伊斯·麦克杜格尔，《我的布景》，巴黎，伽利玛出版社，1982。克里斯朵夫·德儒，《法国的社会疾苦》，第 164-165 页。

② 杰克斯·舍特，《比斯芒阿尔和弗洛伊德的对话以及科学精神病学的现有结构》《现象学，精神病学和精神分析》，P.费迪达，巴黎，回音—百夫长出版社，1986，第 55-77 页。乔伊斯·麦克杜格尔，《我的布景》，巴黎，伽利玛出版社，1982。克里斯朵夫·德儒，《法国的社会疾苦》第 164-165 页。

194

威胁一道，这种人格的分裂确立了平庸之恶[①]。随之而来的是，人们对坏恶之事变得更加宽容，这解释了个人和集体反应的缺失，并使得坏恶之事的传播成为可能。

以上这些意见意味着，即便人类不是魔鬼，人类身上"道德良知和责任感的同心圆式收缩"[②]也说明了人类不是无辜的。体系不是唯一的罪魁祸首，如果没有那些为了自卫而不断巩固它的人，它便无法继续存续。当然，爱情和友谊，在这样的环境下，并没有消失。相反地，人们可以认为爱情和友情是人们的避难所。人们自愿地戴上"眼罩"或者将自己封闭在常规惯例中去避免思考，他们在私生活里找到了安慰。私生活让他们有机会去重新学习社会生活磨灭的人性，重新学习爱情，激发被劳动分工所压抑的个性，还有重新发现为人父母可以让他们在这样的环境里慷慨施与：尽管家庭联系被削弱，但家庭依然是最后的奉行团结一致原则的堡垒。

[①] 杰克斯·舍特，《比斯芒阿尔和弗洛伊德的对话以及科学精神病学的现有结构》《现象学，精神病学和精神分析》，P.费迪达，巴黎，回音—百夫长出版社，1986，第55-77页。乔伊斯·麦克杜格尔，《我的布景》，巴黎，伽利玛出版社，1982。克里斯朵夫·德儒，《法国的社会疾苦》，第171页。

[②] 杰克斯·舍特，《比斯芒阿尔和弗洛伊德的对话以及科学精神病学的现有结构》，《现象学，精神病学和精神分析》，P.费迪达，巴黎，回音—百夫长出版社，1986，第55-77页。乔伊斯·麦克杜格尔，《我的布景》，巴黎，伽利玛出版社，1982。克里斯朵夫·德儒引用过，《法国的社会疾苦》，第164-165页。

这种现代社会的画像是否符合事实？或者它只是一种可能发生的场景？如果后面一个假设是如实的，这就是说，恶，即使它四处蔓延，遍布个人和集体生活的方方面面，它也不是宿命。实际上，满足于揭露这种状态就是混淆了真理和支撑这种社会政治组织体系的思想意识形态。这种心态，不仅不能帮助我们找到一个民主且与政治问题和工作分工模式（这是最能说明问题的试验场之一）相配的解决方法，而且它还意味着，我们掉进了这种意识的陷阱，听任意识的蛊惑。

与散布恐怖、以迫害和铲除为威胁的极权主义思想意识不一样，这里说的意识攻击了精神生活。它劝服人类说，唯一的真理便是赢利的绝对命令，唯一的语言就是管理学语言，要按照私企模式来设计共和政体。在私企模式中，人人都以邻为壑，各自为政，但是人们又要齐心协力去与竞争、经济危机和环境恶化做斗争。

如果说群众被动员去支持现代社会特有的经济理性和古城邦城民的区别是后者，用塞巴斯蒂安·哈弗纳的话来说，"有一种整体观念"，这并不是为了呼吁人们回归不可能的古代，更不是呼吁人们拾起战士精神，认为国家代表一切，个人什么都不是。不过的确，集体意识是古代的主流思想。我们可以尝试革新这个思想观念，尤其在这样一个时刻：我们逐渐意识到没有公共的幸福就不会有真正的幸福，因为自尊同样依赖于社会尊重，以公共的冷漠为代价买来的幸福就像地下恋情：遮遮掩掩的愉悦留下苦涩的味道，而且会出现人格分裂。

　　然而，如果我们是政治生物，我们就是现代人：应对政治问题，要寻找的方案是一个现代化方案[1]，它对应于更多的民主而不是更少的民主。而且，"一切"出现在现代世界的方式和古代人对于"全体"（对于古代来说，全体就是城邦）的理解没有关系。城邦指的是一个封闭式的全体，但它并不是绝对，鉴于它既不是宇宙（由大部分构成的和谐有序整体）也不是哲学的定音之锤[2]。相反地，整全观有以极端方式在现代人心中东山再起的趋势，而现代人并不认为自己是宇宙的一部分，而且试图把他们的社会政治组织模式、他们的国家、他们的宗教或他们的种族变为至高无上的绝对，变为强加到世界其他地方的范本。因此，只有我们坚守现代身份，我们才能革新古代人的智慧，他们的分寸感和个人隶属于整体的意识。

　　如此，这种"整体观念"，这种良心和责任的扩大化（我们看到它们是生态问题和我们与动物关系转变的核心内容），

---

　　① 阿兰·雷诺，《威权的终结》，第81-85页，尤其第88页。

　　② 因为，如果哲学家从城邦的观点出发，例如克洛德·列维-斯特劳斯，哲学意味着超越城邦，或至少意味着，与城邦发生冲突，城邦代表了它不可还原为意见以及它与意识的对立。

它们不应该是某种宗教、某种新物理学，甚至某种生物学理论的体现，而是革新后的主体观念的产物。改变从人类，从人与自身以及人与他者之间的相处方式开始。只有通过我身上的他异性，通过把责任和一个在痛苦、快乐、恐惧、心理状况恶化、肢体和口头暴力面前表现脆弱的主体观念连接起来，我们才能抵抗分裂的趋势，才能保留我们的判断能力以及我们与他者的纽带。

抵抗上述平庸之恶的东西是思想。实际上，平庸之恶与合理化思想和理性工具化相伴而生，借助于对判断能力的压制，它使人们丧失思考能力，就像汉娜·阿伦特看到的那样。不过，形成和运用判断力的场所是语言，是公共话语，是讨论，也是每个人阅读和接收话语，占有话语的过程。占有话语的人们在寻找话语的过程中寻找并发现自我，向他者敞开胸怀。语言远未被认作是一个封闭自守身份的专属发源地，它是人们向社会敞开自身的窗口。然而，一个体系的极权主义倾向总是表现在人们对词语的曲解上。为此并不需要焚书。政治宣传鼓动暴力，但暴力早已发生了，就在词语被用来贴标签，词语的挪用、曲解、瞎用、滥用摧毁了建立公共空间的可能性条件时。这种对语言施加的暴力是通过语言对人类施加暴力。它孤立了这样一群人，他们不知道怎么说他们经历的事情，也不知道他们生活在怎样的世界里，他们只能在一种思想意识状态所提供的有限数量的词语和口号中努力翻找答案，这些词语和口号作为一个机制运转着对语言施加的暴力，导致思想失去了公民权地位并预示了其他各种暴力的到来，包括普通暴力和特殊暴力。

在布列松的电影作品《钱》中，经过几次转手的假钞的兑换导致了无辜的人获罪，摧毁了他的家庭生活，使他变成了一个杀手，屠杀了那些曾善待他的人。恶是一种传染病。我遭受的恶和我作的恶之间，痛苦和过错之间，好人和坏人之间存在一种连带性。此外，摆脱恶的唯一方法就是打破传染链，放弃报复。如同只有宽恕能够战胜恶，宽恕把自由重新给了犯下不公正之事的人，宽恕意味着主体不再算旧账，在索取以前先给予，从此彻底摆脱了互相妥协和互利互惠的逻辑，对抗平庸之恶（它可能会把我们的社会变为一个监督一切和把一切都量化的社会，让社会无力抵抗极权主义的侵蚀）的良药也是一个经过改造的主体。这个主体不只是为自己而活，他还关注他身处的集体，这个集体既不是一个同质化的整体也不是共相，而是他的"归属"和他的起点，他注意着不让这个集体破坏自由的可能性。然而，政治和道义自由的基石是思想自由，以及使他飞向远方的文化根基，即语言、抽象的用语、话语、具体的用语、词语。

思想自由是不能协商妥协的。懂得辨别那些受到操纵而扭曲的宣传手段，就能从根本上抑制恶的散布。脆弱性伦理学包含了对制度和人类脆弱性的考虑，它同样意味着，我们的社会政治组织体系和发展模式并不是上天注定的，我们并不是只能被迫承受它们引发的意外后果。这是为什么脆弱性伦理学反思了阻碍我们向一个更加符合我们的根本价值的社会政治组织体系进化的那些思维模式。

这些思维模式不只限于工作领域，它们还涉及文化和教育领域。确定文化的定义和思考教育的意义使我们能够深入探讨我们的发展模式。当我们去思考文化的政治意义以及文化和农业的关系问题时，这些东西都变得更加清晰：发展模式引起的政治问题，应对这些问题的民主方案的可能性，甚至另一种民主制度的可能性（就像德里达说的那样），这种可能性和关于主体的哲学问题之间的联系。远不是简单地批评一种体系或一种思想意识形态，脆弱性伦理学确认了我们对那些环境和社会危机揭示了脆弱性和价值的东西负有责任，它还在私人生活和公共生活的不同领域之间牵线搭桥，帮助我们再次研究本书第一部分（生态学）悬而未决的思路。

文化与教育

文化：对世界的爱

汉娜·阿伦特在《文化的危机》一书中所采取的思路，其重大价值并非在于对消费社会的批判，而在于她揭示了文化的意义：它是世界的延续，甚至对世界的热爱。由此，阿伦特启迪读者思考我们的社会政治组织形式与我们依赖文化遗产、将文化简单地归结于精神作品这一状况之间的关系——要知道，文化本身是一种政治现象。

"文化涉及的是物体，它是一种世界的现象。"[1] 相反娱乐涉及的是人的个体；正如生活中所有现象一样，它意味着消费文化产品，将其转化为娱乐性的物品[2]。并不是大众传播改

---

[1] 汉娜·阿伦特，《文化的危机》(1945)，巴黎，伽利玛出版社，《思想》文集，1990，第266页。

[2] 汉娜·阿伦特，《文化的危机》(1945)，巴黎，伽利玛出版社，《思想》文集，1990。

变了文化物品的性质。口袋书的产生使更广泛的人群得以以适中的价格换取阅读经典著作的机会，因其存在而感到惋惜的想法恐怕是不明智的。哲学家阿伦特所说的大众文化指的是一种真正的文化摧残：书籍内容被"改写，简化，因适应翻印和配图需要变成了次等品"，也就是说它们被用来"以供消遣"①。

然而要是把以上评判看作对民间文化的某种鄙视，那也许就是曲解了。民间文化、民间技艺已然被贬黜为一种除旅游价值外再无其他的民俗：公共政策忽视它们，代之以符合收益考量、无视工农阶层劳动和话语权的象征性载体。而我们会看到，大众文化与民间文化、民间技艺的消失是紧密相关的。大众文化范畴内文化变质引起的问题并非仅仅在于它可能会因迎合大众需求导致内容的简化。认为文化专属于精英阶层的解读方式忽视了阿伦特分析文化与政治关系时所描述的那种现象。能概括大众文化特点，证明"文化危机"说法合理性的是"市侩主义"这样一个表达，它的逻辑是人们根据即时有用性，甚至抱着自我完善的目的评判书籍和各种

---

① 汉娜·阿伦特，《文化的危机》（1945），巴黎，伽利玛出版社，《思想》文集，1990，第266页。

202　文化载体①。经典是消遣性的，甚至是教育性的——当我们失掉了文化特有的对世界的热爱，这一观点是很成问题的②。

艺术品不是为人而创造，而是为"超越凡人有限的生命，在世代往来更替之间存活的世界"③创造。这种观点是我们探究当代世界的核心，它远远超出上一代人面对当前一代抛弃过去，对旧时代产生的怀恋和伤感。当代世界不会阻碍真正思想家和艺术家大放异彩，但有一点是与以往不同的，即判断力或鉴赏力失去了公共价值。然而这个问题又与生活其他诸多领域紧密相关，尤其是在我们与自然的关系上，在农业方面以及这些问题如何影响教育和文化遗产的传承，前者即教授知识，后者则是公民参与推动世界延续发展的方式。

阿伦特通过强调文化这一概念在罗马语中的内涵，即"对自然的培育，使其成为适宜一个群体居住的地方"和"对遗迹的照看"④，指出鉴赏力在何种意义上失去了康德时代的公共

---

① 汉娜·阿伦特，《文化的危机》，第260页："有教养的市侩"的问题在于他们阅读经典的"次要目的是自我完善，根本不知道莎士比亚或柏拉图可能想要向他们讲述一些具有另一种重要性的事情。"

② 汉娜·阿伦特，《文化的危机》，第266页。

③ 汉娜·阿伦特，《文化的危机》，第268页。

④ 汉娜·阿伦特，《文化的危机》，第273页。

价值，以及"矫揉之风如何入侵到了政治领域"①。鉴赏立足于与他人达成的一种潜在一致：判断力与基于自我协调的思辨判断相反，它意味着一种我能够"站在他人立场思维"② 这样一种扩展的精神能力。阿伦特写道，即使选择是我自己做出的，我也"寻求他人的赞成"③ "鉴赏需要每个人给予赞同 ④"；潜在的一致赋予鉴赏判断一种有效性。然而它也要求做判断的人不受纯粹主观偏好、"个人特质"左右；"因为个人特质自然而然地决定了个体自身的视角观点，他只在私人范畴内表达观点时才是具有合理性的"⑤。

这种吸纳他人观点的扩展性思维意味着判断力是一种特定的政治能力，因为当我们希望我们的审美判断得到别人的赞同，它就会成为辩论的中心；并且，鉴赏渴望一种普遍认同的共识。在将这种扩展的思维与私人偏好区别开时，康德表示，"鉴赏活动决定了如何看待和理解世界而不着眼于它对我们的有用性，也不考量它如何影响我们的根本利益。审美鉴赏着眼世界的显性和世俗性，对其加以评判"，但"它对

---

① 汉娜·阿伦特，《文化的危机》，第 277 页。

② 汉娜·阿伦特，《文化的危机》，第 281 页：阿伦特引用 E. 康德的表述，《判断力批判》，第 40 章。

③ 汉娜·阿伦特，《文化的危机》，第 284 页。

④ E. 康德，《判断力批判》，第 19 章。

⑤ 汉娜·阿伦特，《文化的危机》，第 281-282 页。

世界的关注是非功利的"，也就是说人不是第一位的，世界才是[1]。这并不是说爱世界就不能爱人。相反，拥有一个共同世界——它不仅仅也不主要是一个消费者的世界——的可能性也是实现一种关注后代的教育的条件；在这样的教育下，我们决定着是不是能因着对孩子足够的爱，不把他们抛弃在世界之外，不丢下他们自生自灭，不剥夺他们投身我们未曾设想的新事物的机会"[2]。

这种鉴赏活动不单与代表大众文化特征的用人作风相对立，它还尤其突出了对共同世界的归属感。鉴赏评判过程就是在作用于共同世界的延续。而这并不影响别具一格的作品诞生，给这个世界带来革新，提出质疑，促它新生。革新，它和阿伦特反复强调其政治意义的诞生一样，如果延续的世界得以接纳它，并为之腾出一席之地，它是可能实现的。当作品是为人而创造，并以消费为唯一目的，它们就被抛弃到了共同世界之外，消磨殆尽。"矫揉之风"侵蚀公共领域之时，就是文化消亡之日。那时我们既无法照料看管文化遗产，也无力让我们的下一代为其注入新养料。

这段关于市侩主义使鉴赏失去其政治意义的分析，它与我们前文提及的文化的罗马语内涵、文化和农业的密不可分

---

① 汉娜·阿伦特，《教育的危机》，出自《文化的危机》，第284页。
② 汉娜·阿伦特，《教育的危机》，出自《文化的危机》，第252页。

又有怎样的关系呢？当作品远离生存必需这个层面，当它们促使人去评判看待世界及世间万物的方式时，"文化就来到人身边"[1]。在这种评判之中，人自身也揭去面纱，摆脱个人特质的束缚，公开发出声音，展示他们超越个体天赋的个人素质[2]。于是阿伦特说：鉴赏力通过不被美的世界征服来使世界的野性得到驯服；它以自己"个人"特有的方式照料美，因而产生了一种"文化"[3]。它将其高度人性化，这凸显了人文科学与思想自由之间的紧密关系[4]。然而只有当我们珍视文化，而不再将其单纯地归结为可供售卖的精神作品，人性这样一个概念才有意义。

文化这个词是由 colere 一词衍生而来，意为耕耘，培育，保护，照料。该词首先，也最主要地指向人与自然的关系；人培育自然，使它适于人类居住[5]。这种态度与认为人类征服了自然，掠夺可用资源的支配关系截然不同；它典型地代表了罗马人的思想，对于他们来说，文化的原始含义就是农业。阿伦特将这种罗马式文化观与制造艺术主导下的希腊文明作

---

① 汉娜·阿伦特，《文化的危机》，第 268 页。
② 汉娜·阿伦特，《文化的危机》，第 285 页。
③ 汉娜·阿伦特，《文化的危机》，第 286 页。
④ 汉娜·阿伦特，《文化的危机》，第 286-287 页。
⑤ 汉娜·阿伦特，《文化的危机》，第 271 页。

206 对比。她写道，希腊人不懂得罗马人心中的那种文化，因为他们不培育自然，却"向大地最深处掠夺神灵藏起来不让人类享用的果实"①。正如在《安提戈涅》合唱诗中所吟诵的，他们认为耕作是"一种大胆、暴力的举动，这样一年又一年，取之不尽、生生不息的土地会受到干扰和侵犯"②。因此，他们无法理解罗马人对过去纪念物的如此尊崇。而相反的是，"就在那样一个农耕民族中诞生了文化的概念"③。

我们质问大众文化及其对构造公共领域——这种公共领域包含着个人对共同世界的参与、彼此交流、谈论作品描述的世界，而这一切都建立在消费的前提下——带来的危害。在这样的背景下，再次强调"文化"的罗马语内涵让我们意识到一场关于某种模式的解放会带来多大的危险。该模式已然入侵社会生活各个领域，它不仅仅与矫揉之风和支配自然相连，其另一特征是将人为的世界置于共同世界之上，人们制造这样一个世界以适应消费和生产目标的需求，它否定文化守护者的话语和经验。同时随之而来的还有将文化单纯归结为精神作品，以及某种程度地蔑视供养城市人的田间耕作；

---

① 汉娜·阿伦特，《教育的危机》，出自《文化的危机》，第272页。

② 汉娜·阿伦特，《教育的危机》，第272页，阿伦特引用索福克勒斯的《安提戈涅》，第332，599行。

③ 汉娜·阿伦特，《教育的危机》，第272页。

供养城市人，城市人自己却并没有意识到这一点，因为他们看到的只是食品工业加工后得到的产品，他们不明白自己的生存是多么依赖那些田间的男男女女。

因此，大众文化的兴起与民间文化和技艺的被弃置相伴而来。正如所谓质的评估无视人们实际工作中必要的思维能力等不可测量，甚至无形的素质，那些深刻变革了农业的理论同样地将农民们的经验技能一笔勾销，他们要实现农业现代化，使农业生产适应工业产品贸易影响下产生的市场需求[1]。在那些论调下，农民不再是像对待一份并不属于自己的财产一样耕耘照看土地的人——虽然他们确是以此为生，他们变成了工业团伙的人质。打着提高农业产量的幌子，这些团伙强制推行他们的产品和相应开发方式，使自己显得不可或缺，反复灌输与农民经验技艺千差万别的思维方式，改变了自然景色，从许可播种的地图上划掉大量果蔬品种。

如果说文化是爱世界，爱世界又是一种超越亲友间团结友爱的人类之爱的存在条件，那么探究农业世界受到的摧残则不可避免。通过探究，我们能够深化上一章中谈到的社会与政治生活组织逻辑的变化，也能展望应对环境危机的良方。此外，这也是向教育层面思考的过渡。如今教育领域遇到的

---

① 克里斯朵夫·德儒，《现实检验下的工作评估》，巴黎，国家农业研究院出版社，2003。我们将在本章末展开探讨这一点。

困难促使我们质疑某些对私人生活与公共领域关系的认知，因为它们的存在正阻碍我们摆脱眼前的危机。

农业

农业是我们社会组织机制障碍的重灾区，也是我们发展模式走入死胡同表现得最为严重的领域；农业凸显了人对供养自己的土地的依赖，也暴露了经济政治层面的抉择导致了土地毒化、食品质量恶化，将人置身于健康危机的威胁之下。

第二次世界大战后实行的农业生产制度是建立在使用农药对土地进行破坏这一基础上的 [①]。农药来源于战时工业。我们看到不仅在农药的发展、商业化与战时工业二者之间存在一种事实上的联系，在这种攻击性的农业和产生于 20 世纪的战争形式之间也存在一种对应性：前者依靠于消灭土壤中的有机生命体，后者用于所到之处吞噬一切的杀伤性武器。另外，这种体系把农民卷入一种恶性循环，他们花一大部分钱财购买农药，因为有人告诉他们这是提高农业产量，从而保证自己和家人生存必不可少的东西。某种理论描绘了一幅幅

[①] 农药指杀虫剂、杀菌剂、除草剂、杀寄生虫药。农药的使用要追溯到古希腊时期，但合成农药时代开端于 20 世纪 30 年代，合成农药工业的发展得益于第一次世界大战期间化学武器的研究。"二战"期间完善化学武器制造的研究促进了农药的大发展，如马拉松农药。在越南战争期间美国使用了一些除草剂。

壮丽蓝图，农业俨然成为一项走向征服的壮举，因而需要更大牵引力的拖拉机，更深度的耕作；它鼓吹的生产模式终结了小规模的农业经营，在这样的模式下，注重保存动物贡献的有机物、保持土壤肥力的传统农民式农业是不可能继续存在的。

土地耕作与畜牧养殖分离开来，然而本质上二者是密切相连的。另外农民的相对独立性业已消失，他们曾经还能用从祖先继承下来的手艺翻新土壤而不需多余的开支。农民变成了连作栽培的粮食生产者，畜牧养殖者转向工业养殖，二者在专业化的同时也愈加依赖工业，依赖生产和销售化学肥料和农药、销售机械设备的企业，依赖贷款给他们的银行。令人难以置信的是政府向转向连作栽培的大农场主提供补助来鼓励这种依赖性。但后者已经改变了农业的意义，割裂了农业与生态系统的联系，同时也将生活在"绿色革命"到来之前时代的农民们所特有的技艺和道德观打入过去的冷宫。

一直到最近一段时间，农民文化下的技艺和道德观被视为一种嗜古情怀的象征：农民不适应现代生活，这点从他们的生活方式和微薄收入，以及他们的孩子不愿继承家族的农业经营这一事实都可见一斑。他们面对一点点社会进步都无所适从，被看作"失败者"，人数占大多数的城里人和政治家向他们投以充满优越感的目光。我们看到土地受到侵蚀，水源被污染，崩溃的自然生态系统在因工业发展需要进行的土地兼并下雪上加霜，我们也意识到动植物多样性流失，"乡村地区成了只剩玉米、小麦或葵花的荒漠，空虚冷清，生机不再"①，于是我们质疑这种工业发展模式，而连农民自己都早已认同它是现代化和进步的体现。

然而如今大部分葡萄园主并不认为他们的葡萄长在一片死地上，所以他们每十年就挖出来所有的藤，而此前每一百年才需要换一次藤。人们宣扬的观念向农民灌输了通过消灭一切有机体掌控土地的执念，根深蒂固。这是一种文化同化，一种与他们的经验和知识技艺断绝关系的过程，同时他们断绝的也是个人的经验智慧，它产生于有形的物质实践，农民因此掌握如何促进和保持土壤肥力，如何种植出营养成分高，品质好的食物②。

在工业领域，农药渗透到 90% 以上的农业用地，每年有 500 多万人暴露在这些高浓度化学物质的危险之下，因此中

---

① P.拉比，《蜂鸟的部分》，拉图代居厄，黎明出版社，2009，第 35 页。

② 这种劳动智慧是产生于物质实践的有形知识，对畜牧业者预见动物的恐惧和攻击性有至关重要的作用，参阅 M.赛尔蒙娜，《法国农民·工作，职业，知识的传承》，上下卷，巴黎，哈麦丹出版社，1994 年。克里斯朵夫·德儒在《现实检验下的工作评估》中做了引用，第 21 页。

毒或罹患慢性疾病①。这样看，50 年后蕾切尔·卡逊在《寂静的春天》一书中所写合情合理，她描述了一个可能没有鸟的春天，指出使用农药具有灾难性的后果。但是我们拿难以放弃某些思维模式当理由，仍然继续鼓励这些化学物质的使用。于是世界饥饿问题被用来为转基因食品的市场化作辩护。几乎所有转基因食品都要大量使用农药，人们成了生产销售这些转基因种子和农药的跨国公司的囚徒。转基因食品出现后，知识技艺和土壤的破坏涉及的不再仅仅是一个社会群体和乡村地区，而是一个一个的国家和大陆。同样，赌上的还是全世界人民健康状况的恶化，尤其是那些生存条件最差、最年幼的人。

这个体系引发的更多的是不公，其社会、经济和公共卫生后果是灾难性的，但它却不是宿命。灾变论的失败之处在于它揭露肇事者的罪行，引发一种只会雪上加霜的无力感；它诱导人相信除了这些选择并无其他；而事实上，这些是没有选择的选择，因为它们不是公民商议的结果，是被吹捧生产力目标的理论强加在他们身上的。这种生产力目标使农民，使所有个人与他们的知识技艺、当地文化决裂，让人们习惯不再相信自己的判断力。这并不是在片面地赞扬地方传统。

---

① L. 德·巴尔蒂雅，S. 黑达拉克，《停止》，巴黎，瑟伊出版社，2003。

生态农业利用微生物学领域最新的科学和农学知识以达到满意的生产效率，保证食品质量[①]。但是有必要指出，如果一种生产制度并不合适，隐藏着圈套，并会剥夺人的全部自由，也就是全部的独立性、积极性和所有对自身和未来的信心，个人是有能力抵制它的。

因此分析主导这种体系的商人逻辑，其结论不是控诉市场，而是控诉只为一小部分人牟取利益、工具化社会组织形式和文化，曲解其内涵的发展模式。诚然，这一小部分人利用的思维模式根植于一种将生活方式、审美鉴赏、文化和行为活动推向同质的"矫揉之风"；而且往往公共权力机构会秉承这一思路，它们不去推动生活方式的改变，比如杜绝食物浪费，禁止生活基本粮食的投机活动，甚至取消绿色燃料的生产[②]，反而义正词严地说人口增长需要生产力的提高，要提高生产力就要大规模使用农药或转基因食品来避免饥荒和

---

① P.拉比，《蜂鸟的部分》，第41-42页：生态农业与农业化学、传统农民农业不同，它的"基本思想是大地是有生命的机体，而不是来接受合成农药的中性基体"。在自身新陈代谢调解下，"它成为微生物、真菌、酵母菌、昆虫、蚯蚓活跃的大本营，它们产生可供植物根部吸收的营养物质"。

② 以上三点是联合国所鼓励的。

由饥饿引起的动荡 ①。

与我们常说的相反，摆脱危机，广泛采取带来好结果的替代性解决办法，这些都不取决于政治家的意愿和勇气，即使他们做的选择可能会使情况恶化 ②。走出危机要靠一些新的组织模式，首先要求公民意识到他们曾经在某个时刻自觉成为其中囚徒的这种发展模式，所拥有的主导思想，即市场学逻辑，其实是个幻想。这个逻辑造就了这样一个体系的成功，然而它基于的是对现实的否认，与文化最深刻的内涵相对立。从这个意义上讲，我们可以说教育——它是公民的觉醒，并巩固他们的判断——是走在政治行动之前的。

教育与评估

上文我们强调了劳动组织形式是一个政治问题，它表现

---

① 然而，粮农组织（联合国粮食及农业组织）公开表示农业有能力供养世界人口，我们也知道除了缺少食物储备，饥饿问题还源于基础设施空白，以某些非洲国家（如索马里和马里）为代表的部分国家依赖出口国，以及这些出口国在产量下降、大米等基本谷物价格飙升时，不但不卖出食物，反而让出口商加紧囤积，引导投机，比如 2008 年就出现过这样的情况。

② 这里我们可以提到农民农业保持联合会的发展，该组织扶持小生产者，尤其从事生态农业的人们。在该组织下，消费者也是合作生产者，他们提前购买一年的产量，能够以合理价钱获得质量上乘的食物，其中原因在于缩短的流通过程避免了浪费，超市中绿色产品的价格完全不能与之相媲美。

214 出对现实的否定，也破坏了文化作为对世界的爱的意义。现在之所以要再用几页的篇幅谈谈教育问题，是因为教育不是一个与其他领域孤立的部分。我们在学校或在成年人与孩子的关系中可能遇到的障碍并不一定源于教育本身，相反，正如汉娜·阿伦特所言，与那些构建了我们生活的世界的认知有关，特别是涉及私人生活的定义，及其与公共世界的关系[1]。但在此我们不关注权威问题，也就是平等自由原则在学校和家庭生活中的普及带来何种变化，相反我们选择研究教育与政治关系中的另一个侧面[2]，不是师生关系、亲子关系，也不是所有这些角色如何看待我们要分析的核心——权威，而是试图探究社会和政治组织形式以及宣扬它们的言论如何影响接受教育和评估的一方。

这是我们分析的起点，它揭示了教育和评估间的联系。这种联系不在于要知道如何改革教育以在学校和家庭中尊重

---

[1] 汉娜·阿伦特，《教育的危机》，第240页。

[2] 阿兰·雷诺，《权威的终结》，第159-160、179-180、182-183页：阿兰·雷诺在书中回顾了三十年代的少管所，而这项平等自由原则则完全相反，它不会带领我们惋惜一个从未存在过的黄金时代。它将帮助我们规避两种危险：一是"解放主义倾向"，在这种情况下，按照成人的自由塑造的儿童的自由权利是无法制定界限的，也使传承、教育和对他们的保护成为不可能；二是厚古教育所特有的"保护主义倾向"。该原则旨在明确给予儿童的自由权利，与对他们的保护相协调。这两种形式的权利并非简单地对立，而是彼此约束，承认一者就是在预防"另一者走向极端"。

政治的根本，即与民主密不可分的部分。如果我们不想让消极顺从的教育模式引发的失落违背公民参与的理想，这种探究倒是必要的。然而本章探讨的问题是另一种阻碍了传承文化遗产和青年人参与公共世界的矛盾。

事实上确实存在这么一种矛盾，一方是传承"爱世界"的文化的愿望，在学校文化还保留着这一含义；另一方是我们分析劳动组织制度扭曲的宣传策略时看到的理论，它不仅存在于政治领域，也存在于社会生活其他层面。然而这并未导致教育界和劳动、政治领域的分离，好像前者是被圈起来，与现实断开的空间，后者则与现实生活搏斗。人们依据既定结论，用那种扭曲的宣传策略和言论衡量雇员的工作效率，无视他真实的工作表现如何；这种方法也出现在对教师和研究人员工作的评估中。更甚，此般的企业管理思维用于学校引发了糟糕的后果，这让坐在校园长椅上的人们怎么可能完成被交给的工作。

一方面是热爱文化，以及通过模仿获得细致研究经典作品的能力，另一方面是某些思维方式预先确定了效率、竞争力甚至优秀，剥夺使用判断力的机会，代之以鼓励走捷径的市场营销手法，把文化变成一种公关手段，一种广告宣传或暗淡的配角；这二者如何能彼此兼容呢？阿伦特批评大众文化不代表她支持精英主义，与此同理，如果认为校园中捍卫的价值与社会政治组织制度所持的言论相悖反映了教育与现

216 实脱节，那也是一种误解了。相反，与人类劳动现实脱节的是这种同质化的言论：它不注重描述和了解不同行业情况，也不关心这样或那样特定的职业活动需要何种技能和才干，它完全是一种抽象的劳动观和现实观。

劳动，远远不是简单地完成分配到的任务，它需要这个人"主观上被动员起来"，以及多多少少看得见、可衡量的努力和才能[1]。相反，成绩和效率的评定不建立在工作表现基础上，而是事先就决定了的，这样的评估方式指向的是一种对现实抽象的认知。此般观点下的现实被呈现为一个软软的面团，人的意愿可以在上面留下印记而不会遇到半点反抗。然而劳动，不论是体力的还是脑力的，是提供服务还是在与人打交道，都是要经受阻力，甚至失败的考验的[2]。众多中间步骤、推翻的假设和出现的错误都是探索过程的一部分：这个路径的结果并不是完全可预知的，而这正是所谓的探索发现。过分纠结于数字甚至会导致"在维护公共秩序时表现有失水

---

[1] 例如教师在传授知识，让学生理解自己所讲的话，或者给他们解释一篇文本的含义时使用的肢体语言；又如触觉，虽然从概念上看是不可见的，但在医疗等与人产生关系的行业中它有重要作用，比如当医生告知一位病人他患了重病时。参阅克里斯朵夫·德儒，《现实检验下的工作评估》，第23页，第27-29页。

[2] 克里斯朵夫·德儒，《现实检验下的工作评估》，第14页。

准"①。在教育、教学和研究领域，"才能"是多年勤奋工作的结果。形成一种思想体系不会像在高速公路上那般顺畅，大多数发现都需要无数曲折往复的过程。同样，创造性必须同时具有一定的耐心和某种冒险精神，不逃避困难，不因屈服于诱惑而尝试有漏洞甚至有硬伤的解决办法。就是在摸索着试验自己的假设，完善自己的思想体系和超越自己的立场的过程中我们才能思考一些事情，而不只会把自己的个人信仰裹藏在理论里。

这不仅是研究和工作的真相，也是社会、政治生活的真相，但是在现今主导评估实践的理论中已彻底被无视。真相成了被否认的对象。这种否认的后果之一就是人们要么指责教师们，尤其是社会科学与人文科学的教师，不能适应当今时代背景和现代社会，要么说他们教授一些抽象的课程。但这些指责并不妨碍政治家和企业请研究人员和学者帮助他们撰写鉴定报告，为他们提供建议，让他们自己的话和分析摇

---

① 克里斯朵夫·德儒，《现实检验下的工作评估》，第33-34页。克里斯朵夫·德儒引用了警察的一个例子，对说明过分执着于数字会带来事与愿违的结果很有代表性。他讲述了一个警察巡逻队"为逮捕一群毒品贩子整夜潜伏在一个偏僻街区"。蹲守了6个小时之后，警察们才意识到毒贩已经逃掉了。"第二天早上回到警察局后也毫无进展。接下来几天晚上，上述巡逻队只检查机动车司机的身份。"破获一个毒品走私网络是需要时间的，往往需要经历多次失败才达成目标。然而目前的评估体系并未考虑到这一点，甚至惩罚这类探索研究。

身一变，成为权威言论。

　　同理，我们把学校教育的失败归咎于教师教学方法的缺陷。我们要求老师们增加学生的参与度，实行互动式课堂，似乎拉近了距离，甚至通过游戏就能掩饰兴趣和注意力的缺失，而这时教育的核心对象还在讨要写议论文的诀窍。不论中小学生还是大学生都难以用足够的时间在学习语言和掌握方法上。而且一旦被要求作出批判性判断，他们就不知所措。这意味着需要学生们运用思考分析能力的教育并不过时。人们工作或学习中倍感压力，对自己的判断缺乏信心，这些都说明他们的思想自由受到了牵制。

　　人文理想与现实之间的矛盾使学习不论是对老师还是学生都变得更难。它相悖于学校所肯定的对世界的爱，促使学生和学校管理层采取市场营销、广告宣传和运营企业那套诀窍甚至理论，因而教育这项任务更加问题重重。这也是为什么老师们感到他们的知识和社会作用受到了质疑。然而，在涉及家长与孩子、传授知识者与知识学习者之间关系的"权威"问题之外，更重要的是文化作为公共世界受到了破坏，教育的意义被曲解。

　　公务员地位改革和对大学教师评估都不是核心问题，重要的是反思对世界的认知，公共服务的重构、企业的组织和农业部门"现代化"的方式均基于这个认知。我们否认现实以摆脱劳动经验的回归，抗拒对劳动的主观呈现，抗拒农民、教师和警察的知识和技能[①]。这就解释了为什么人越来越孤单，我们的社会越来越缺少凝聚力。

有必要强调这种社会崩坏和个人主义是社会和政治组织形式的一贯后果，而并非我们这个时代的人才有的缺陷，它也不是这个体系的症结，更不是它存在的理由。当然，弊病引起连锁反应和蔓延效应的风险是现实存在的：个人不得不适应体制，寻找技巧摆脱困境，充满竞争意识，走上"人人为自己"的道路。于是，他们就这样推动了这个体系的运行，殊不知自己也对体系产生的消极影响负有责任，他们甚至也不会责备自己本来作为一个个体有能力批判这个体系，事实上反而保护了它的平稳运行。这些观点不是说抵制这种社会政治组织形式就一定要反对所有改革。对社会政治组织方式的谴责往往会在社团请愿和政治家口号的压制下烟消云散，一味反对会产生适得其反的效果，这点在大学则更为明显：削减人文社会科学领域的人员数，削弱最有能力揭露体制弊病的人。打破恶性循环的唯一方法是既承认这种社会政治组织体系的严密性，又重视其缺陷，因为它的逻辑貌似无懈可击，实际上立足点却是否认现实和劳动，忽视了文化是对世界的爱这一内涵。

我们最应该担忧的甚至不是改革学校，而是对人、对世

---

① 克里斯朵夫·德儒，《现实检验下的工作评估》，第45页。

界的认知，这是学校立身之本和致力于传扬的东西。在脆弱性伦理学中，我们的分析和批判不应围绕克里斯朵夫·德儒所说的"吸纳经济主义论据"进行，相反我们最应该思考的是个人与他人，与世界以及与我们在世上走了一遭之后所留下的一切的关系。对人际关系的认识造就了如今的社会体系，它以极为夸张的方式指出了我们社会契约观的先决假设；此时，从哲学层面上探寻如何将政治——即民主和社会团结——与对个人自身与他人关系的思考融合起来，便更加具有决定性意义。

脆弱性伦理学批判一切认知能力对人类尊严的支配；我们探究了政治角度下的劳动组织体制，以及文化失去了它"对世界的爱"的内涵，也同时触及了这种伦理观的一个核心主题。更进一步说，它揭示了某些公共机构——如公立医院、学校和家庭内部——宣扬捍卫的互助价值观是如何相悖于那些隐匿在政治体系之下却蕴含着人类生活价值观和社会联结的理念。因此探究残疾人士社会融入问题有助于让人更深刻理解我们社会模式的矛盾性，明白他们是如何受到双重对待而无法感受到社会的团结互助。进行这样的审视并不意味着我们要从极端情况出发推演出一种政治组织形式，但是社会接纳、救助和承认残疾人士及其家庭的能力反映了它信仰的人类观，它对私人领域与公共生活关系的认识和对团结互助的理解。而这些概念是我们思考政治的存在根基，质疑现有社会契约模式时要考虑的关键元素。

残疾的正面性和团结合作的政治模式

脆弱性的力量

我们选择探讨孩子或处于多重残疾状态的成人的照顾陪伴问题，因为这个问题揭示了这两者的反差：一方面，护理人员和父母的反省质量很高；另一方面，与残疾人士在社会中的地位相关的制度和代表层面存在着严重的滞后现象。

处于多重残疾状态的人们会出现大脑机能障碍症状，它在运动性能、感知能力、认知能力和构建与环境的关系方面会造成严重的进行性扰乱[1]。除了智力残障（记忆障碍、推理

---

[1] 这是在2002年12月3日举办的大会上，法国多重残疾集团董事会给出的定义。"多重残疾"的概念是70年代初引进法国的。1989年10月27日的法令，附录24，承认需要在医疗和教育方面对多重残疾人士进行特殊的照料。每1000个新生儿中就有大约两个患有多重残疾。不能把多重残疾和多种残疾弄混，后者是指两种及两种以上的残疾组合，智力能力得到保存，比如耳聋和失明的组合。也不能把多重残疾和叠加残疾弄混，后者是指在原有的重度残疾或其他的感官损害，内脏损害之上出现了行为问题。

222 能力缺陷、非常简单的语言）以外，还有常是进行性的行动障碍；差不多占据病例半壁江山的癫痫；感官损害，尤其是视力和听觉方面；体质失调（呼吸、肺部、皮肤、骨质、骨骼方面的疾病以及营养方面和消化方面的疾病，还有会引发孤独症的沟通问题）。这些孩子必须接受许多次沉重的外科手术，没有父母或护工的帮助，他们可能不能继续活着。父母和护理人员努力地去理解他们并且与他们构筑联系，从而保障他们的"自我意识持续存在"[①]。这些孩子在身体和心理上依赖着父母和护工的陪伴。他们的幸福和自尊依赖于这些人的照料和爱，这些人保护他们，确保他们不会采取对自己或他人不利的行为。

换言之，这些极端情况要求我们去总结看护人员的资质要求。看护人员不仅要陪伴残障人士，还要避免他们伤害自己，同时确保他们过上符合人类尊严的生活。在这样的生活

---

① 米利亚·大卫，杰纳维夫·阿普尔，《洛奇托儿所或奇怪的建立母子般亲情做法》（1973），巴黎，2010。在参观了派克勒托儿所（1946年建于布达佩斯，位于洛奇街）之后，作者们指出了完满关系的重要性，后者能够满足依赖的原始需求，向生物提供安全感。为了避免孤儿或遗弃儿缺失这种关系，这个托儿所的护理人员试图在照顾过程中创造这种母亲照管条件。作者们看到，这种方法对孩子们的成长起到了积极性作用。这不一定就是说，陪伴多重残疾人士可以简单归结为这种建立母子般亲情的做法，也不是说，我们不用学习人类关系中的冲突一面。然而，我们可以认为，这是一个出发点，让身患多重残疾的孩子持续感受到自我意识，使他能够面对生命中的考验，甚至能够适应挫折。

中，他们不仅要生存，还要感受快乐，能够玩耍，结成情感联系，表达情感和对环境有一定掌控能力。词组"多重残障状态"体现了人存在着，它突出了机能不全和伤残之间的混杂现象，并且"在身患疾病或受到毁灭性损伤的人和由于生活条件恶劣而逐渐变得病残的人之间架起了一座桥梁[1]"，这意味着，关于多重残疾的反思同样涉及政治的思想基础和社会联系的定义。

我们正面对着他异性的极端形象，因为与身患多重残疾的人进行交流是很困难的，至少沟通初期是这样的，而且他所遭受的心理和行动障碍的严重性让他无法表达出自己的意愿。然而，照料陪伴这些残障人士所提出的特殊问题让我们有机会摆脱我们通常对依赖性人群的看法，摆脱我们以往照料他们的方式：保护残障人士的护理是必要的，但大部分时候，我们并不承认残障人士有权利让我们感到意外，参与我们的世界或行使他们的自由。关于多重残障的反思促使我们重新考虑我们对于依赖人群自主性的理解方式并深化护理人员的责任意识：护理人员不应该克服家长作风（刻板地帮他人做出决定）和抛弃依赖人群（依赖人群没有他人的帮助就

---

[1] 伊丽莎白·祖克曼，《对待残疾人士》，巴黎，2007，第144页。作者指出，这个国际认可的观念没有出现在 2005 年 2 月 11 日的法律中，这否定了由于生活条件恶劣而逐渐变得病残的人的存在，也体现了残疾人和受社会排斥群体之间的区分。

无法活下去，但是他们又需要维持自主性）的二元对立吗？

　　这个研究要求确定护理流程的组成步骤，护理被看作是一个过程，是一种持续性的东西，它必须确保受护理人有自我意识，甚至是帮助他尽可能地显示出自主性。该研究也促使我们反思什么才是尊重他人。在残障不是疾病，它不会治愈，孩子的缺陷无药可救的情况下，我们需要照顾身患多重残疾的孩子，把他当作一个享有各种人权且独一无二的人去尊重。但是，人们是否可以因此说，对于个体的尊重到为他提供照顾为止（其中关怀伦理学家给出的定义也是这样的）？

　　为了回答这一系列问题，光是规定身患多重残障人士的自主性含义或衡量自主性在概念框架（我们的社会政治表征建立在概念框架上）中所起到的作用是完全不够的。这个研究应该指出为多重残障人士提供照顾和教育的意义、目标和出发点，研究重点在于多重残障人士的认可问题：是否由于他们的缺陷，他们就是二流人类？就好像，一方面，存在人权和公民权；另一方面，又存在一些派生权利或一个专属于残障人士的特殊能力清单，形成了一个平行于我们的世界的单独世界？残疾人士究竟是与我们一道或仅仅是在我们之中？当人们把公正对待残疾人问题放在分析的中心位置，而不是把它放在次要位置考虑，就好像这个问题排在伦理学之后时，人们就会被引导去反思与护工最佳实践和父母看护经历形成反差的制度滞后现象是否是拒绝认可残障人带来的后果。拒绝认可残障人可能能够解释护理人员的孤独，甚至促使护理人员投入过多的情感，导致了一些个人悲剧，因为多重残障人士和其亲属之间相依为命的关系让两者都无法获得充足发展并且加剧了双方的脆弱性。

所有那些曾经遇到过身患多重残障的孩子或成人的人都知道：他们也喜欢找刺激，充满好奇心，身体和心理比较脆弱，他们的生存和幸福都依赖于他人，但这并不妨碍他们成为一个有个性的人，且需要获得他人对其本身的认可。这种认可使他们能够以惊人的力量忍耐一次又一次的手术，而我们之中很少有人能够忍受这些手术。对自己和他人的信心，与某些人（尤其是亲人）之间的良好密切关系所带来的安全感，这两者能够帮助他们去接受感情联系的断裂，这是不同机构的不同护理人员照顾他们所造成的现象。对于他们来说，在少于一个星期之内，接触到十几个护工帮助他们发挥身体重要功能是很正常的事，例如上呼吸机，协助他们呼吸或刺激他们。护理的间断和习惯与护工的分别是他们的日常生活中所要经常面对的。如果这种情感联系的断裂没有得到补偿的话，即他对家庭产生归属感或能够放心地依赖某些其关系网核心圈的人，它就会使个人变得更加脆弱，他会迷失方向，以消沉或攻击性态度应对它，甚至是放任自己死去。

这些评语指出，一般情况下，情感联系在我们的身份构建过程中格外重要，它彻底决定了多重残障人士是否有能力

226 接受遍布其人生的考验。这并不是说，这些联系必须是共生关系，但是它们决定了"持续的自我意识"的稳定性，"持续的自我意识"使残障人士生活中出现的糟糕事情显得没有那么严重。只有这样，人们才能理解这些如此脆弱的孩子所展示出的力量，甚至可以说是适应能力，这些孩子总是很有幽默感，清楚自己的状态，知道即使一切顺利，他们也可能面临死亡。

多重残障状态的未知性以及难以辨别无法说话的孩子的意图、难以解读他用于表示悲痛心情的手势，这些事实都促使我们从脆弱性角度而不是缺陷角度去思考多重残障问题。这种研究方式意味着，人们承认多重残障状态的复杂性，它要求护工和父母具有强大的灵活应变能力，能够不断地应付未知状况以及残障人士的反应，将他们自身的期望和信念抛置一边。然而，脆弱性概念远不是我们以为的弱势形象，作为照顾陪伴多重残障人士的核心内容，它意味着重构医疗伦理学的其他范畴，即尊严、自主性以及自主性和依赖性之间的关系。此外，脆弱性概念促使我们去构思一种护理方法，它要重在强调残障的正面性，说明幸福的前景依然如初或可以被实现。

开展一个治疗方案或陪伴脆弱的人，是在确认危险以及受伤因素和强化优势之间寻找平衡。协助和预防措施意味着，人们能够确定导致危险增大的因素（可能会增加破坏发生可能性的人力、社会、自然资源），而且人们坚持主张在家庭和集体层面采取必要的改善措施。看管照顾不仅仅是简单的关心，它还包含一种警惕性[1]，避免身体脆弱、精神脆弱和社会脆弱性同时出现。它同样在于反思，在身患多重残障的孩子和成人的每个成长阶段中，什么是要保留或避免的。问题在于要依靠这个需要接受个性化帮助的人的资源条件，这要求人们把残障视作显著差异，而不是简单的功能丧失，人们还要重视个人的感受性和创造性。

因此，看管照顾并不是拒绝一切风险或止步于对弱势个人的保护从而阻止他做出对自己不利的事情，而是一种陪伴，一种关怀。帮助残障人士并不是施舍。人们甚至应该多使用保护性因素一词，而不是运用词语"承担"，这个词对应于个体的被动性，排除了个体的参与性，无视了个人需要承担责任的事实。此外，当人们谈到保护时，很有必要反思人们的保护对象是谁：对一个已经生活在限制重重的世界和到处都是禁令的地方的人的过度保护，它难道不会尤其去保护那些提供帮助的人的人格吗？就像人们在这些问题中看到的那样：身患多重残障成人的性欲问题，甚至是他们与家庭和护工以外的人产生情感联系问题？如果个人没有在护理行为中消失，

① 西尔维·潘代莱，《高度脆弱性：生命临终——老年人一种陪伴伦理学的雏形》，巴黎，瑟尔丽·阿尔斯兰出版社，2008。

这意味着护理行为的目标是帮助个人行使自由，支持而不是遏制他的"持续自我意识"。那么，问题在于了解怎么样才能既保护个人的私生活（这个个人不是我，他是"我所不是的人"①），又照顾看管他，这意味着人们要在我和他人之间，警惕心和冒风险之间找到平衡点。

不能只看到身患多重残障的人的缺陷，要看到他也需要行动或承担责任，这是从残障正面性角度研究残障的核心思想。此外，把脆弱性概念变为陪伴残障人士过程中的核心概念，从这个概念出发规划治疗方案，这就是宣布，看管照料和教育的目的是让个体获得自主性。如同其他人一样，对于身患多重残障的孩了和成人来说，没有自由就不能实现生命的繁荣发展。他们的自主性决定了他们的幸福，使得他们的生活成为高品质生活，真正的人类生活。护理人员和父母与他们构筑的良好关系中包含了对于他们的自主性的认可。只有认可他们的自主性，护理行为才能帮助他们成长，而不是退化或陷入攻击性行为的怪圈中。认可他们的自主性同样意味着，他们没有被排除在我们的世界之外，我们的世界始终坚持个体的平等尊严，认可个人决定的价值。然而，这样的宣言要求人们加上一句：弱势人群需要其他人帮助他们去行

---

① 伊曼努尔·莱维纳斯，《从存在到存在者》（1947），巴黎，弗杭出版社，2002，第162页："作为他人的他人……是我所不是的人。"

使自主性。

自主性不能简单归结为自我掌控或独立概念（自主性常常与独立概念相挂钩），它是一种双重能力[①]。自主性首先指的是拥有渴望和价值的能力，价值指的是一些带给个人成就感和让他体会到自我尊重的愿望或行为。残障和缺陷并不会影响自主性的第一层意思。就其自身而言，残障并不是一个监狱：它不会剥夺个人存活的权利，妨碍他走向他人，在社会上立足，即使它会减少他的生命可能性，例如身患多重残障的孩子既不可能成为一级芭蕾舞蹈家也不可能成为博学家。此外，"当我们身患多重残障时，并不是一切都处于不利地位"[②]。相反，正是多重残障人士难以找到方法去表达和让大众承认他们的渴望和价值，导致残疾成为一个监狱。换言之，缺陷和残障破坏的是自主性概念所对应的第二种能力，即在

[①] 自主性和自我掌控的混淆体现了对自主性概念的狭隘见解以及对主体的抽象定义，就像关怀伦理学家认为的那样。然而，我们还要走得更远，因为自主性和独立的类比伴随着一系列表现：竞争力和成效成为成功的衡量标准，甚至是体面生活的衡量标准。这些表现构成了一种意识形态，我们称其为"自主性伦理学"，同时我们区分了它与我们推崇的自主性概念和自主性准则。参照《破碎的自主性》，第75-82页；以及《感性的理性》，第三章，第63-91页。关于作为双重能力的自主性，同样参照阿格奈斯卡·贾沃斯卡，《阿兹海默症病人和评价能力》《哲学和公共事务》，1999，第105-138页。

[②] 伊丽莎白·祖克曼，《对待残疾人士》，第110页。这个评语也涉及处于依赖状态的人进入青春期后性欲高涨的问题。这种差距让父母和护理人员措手不及，但是后者不应该因此就去满足这些人的要求。

230 　行为中表达出他的渴望和价值的能力。

　　为了让自己的意见被听见和参与这个世界，多重残障人士需要人们支援他的自主性（第二种含义）。他们需要其他人的帮助，让自己的意愿获得尊重，而不是眼睁睁地看着自己被强加不符合自身愿望的决定。他人不仅仅是指在日常生活中照顾身患多重残障儿童或成人的人，它同样也是指那些辨别和解读他们的意愿的人。这种状况说明了多重残障人士的弱势：他的生命和自由交付给其他人，而他需要依赖于其他人。

　　我们不应该混淆易损性和脆弱性的意义，后者指的是我们能够感受到快乐、痛苦、时间和内在空虚感，它强调了我们对他者的需求和我们对他者的接纳。易损性则指的是，个人的幸福和自尊全凭他人决定的状态。身患多重残障的儿童有自己的偏好和价值取向，在这种情况下，他们是拥有自主性的。然而，与我们不同的是，他的幸福、自尊感、体会到存在感的可能性，完全依赖于另外一个人。于是就出现了心理依赖的风险，这在某种程度上来说是不可避免的。如果他被抛弃了，如果没有人倾听他的声音，如果他不能"倾吐"外科手术或被安置到收容机构所造成的心理裂痕，他就会崩溃。不同于我们，他的崩溃不仅体现在伤心或抑郁心情上，它会导致他的死亡①。

多重残障人士所特有的易损性并不会消除他们的自主性，但是这种易损性要求护理人员密切关注他们可能做出的示意动作、言语以外的沟通，以及他们所表达的东西，即使他们不能说话②（莱维纳斯称之为"言说"）。因此我们要学会倾听，避免按照我们自己的期望去定义他们的需求。这意味着，人们与处于极度脆弱状态的人之间的默契（他们是失去了一部分功能的人类，因为双方并不是通过可理解的语言来进行交流，而且残障人士行动受到限制，有视觉和听觉障碍），是通过自我剥离来完成的：遇见一个身患多重残障的儿童，就相当于进入到另一个世界。在那里，最简单的词语，例如"思

---

① 伊丽莎白·祖克曼，《对待残疾人士》，第39-41页。作者举了艾蒂安的例子，他是一个11岁的多重残障患者，1962年，他入住了伊丽莎白·祖克曼和斯坦尼斯洛·汤姆基奇斯工作的医院科室。艾蒂安过去一直由父母照顾，但是他的父母无法再继续照看他，因为他长得比他母亲更加高大，而且他一直动个不停。像其他那些在那时被称为长期卧床、处于植物人状态的脑病儿童患者一样，艾蒂安入住了他们工作的医院。护理人员忘记了这个事实：一般来说，其他孩子并不是直接从家里送到医院的。所以护理人员尽心尽力地照顾艾蒂安，为他提供最好的护理，但是艾蒂安无法很好地适应。尽管有一个护士负责监看他，他还是自残了，随后他被送到圣-文森-德-保罗医院："人们以为救活了他，但不幸地，几天后他死于并发感染。"伊丽莎白·祖克曼和斯坦尼斯洛·汤姆基奇斯承认了他们在这起事故中的责任："在1962年，我们忽视了艾蒂安和他父母之间的专有关系的强度，我们忽视了仓促的分离造成的伤害，我们忽视了，他无法用言语表达出来的痛苦会反应在他的身体上，直到因此而死。"

② 伊曼努尔·莱维纳斯，《别样于存在》，第92页。

想"，都有了与过去不同的含义。这些词语还可能是陷阱，它们会引导我们在儿童的世界里投射出我们的愿望，并让我们绝望地认为这个孩子不会满足我们的要求。

关怀的四个阶段以及感性智慧

上述评论能够还琼·特朗托一个公正评价，他把关怀当作实践理性的一种形式，促使我们满足个人的个性化需求。这种伦理学方法意味着，要通过一种考虑细节和结合背景的理性思考，而不是一刀切地运用普遍原则去满足他人的特殊需求。这种方法也强调了护理人员或父母（他们感觉自己对残障人士负有责任）的投入。照顾看管的出发点在于承认关系中的不对称性和接受这个责任将会改变护理人员（他们所照顾的人一生都会依赖于他们）的生命轨迹。

对于身患多重残障的儿童来说，他们格外依赖父母，以至于父母过多的情感投入既不利于孩子也不利于父母，父母会感到自己陷入了一个充满罪恶感的困境，就好似他们必须在自身的自由和孩子的幸福之间，牺牲自我和牺牲他人之间做出抉择。这种撕裂般的痛苦让父母感到筋疲力尽，甚至产生怒火，因为护理人将自己的生活和需求置于一边。这种痛苦可能会反过来伤害孩子，或是因为照顾他的人用攻击性态度对待他，或是因为孩子和护理人之间的共生关系让双方都喘不过气。然而，根据琼·特朗托的定义，关怀作为全面的护理，它能够使人们明白怎么样才能避免这样的过度感情投入。它同样说明了，在什么样的条件下才能够实现对多重残障人士的认可，即使关怀伦理学还没有清楚地勾画出从伦理学到正义的过渡过程。

任何一种不对称关系所固有的危险在于，援助人会擅自定义他人的需求，护理方式不能满足受护理人的需求，不能让其感到舒适。不过，琼·特朗托说，关怀（关心、关注）的第一个阶段是鉴别个人的特别需求。关怀还包含一些具体方法，让个人能够享受到照料。关怀的第三个阶段（给予关怀）意味着做出一些让人安心的行为，这需要专业技能的支持。最后，琼·特朗托坚持主张要确保病人接收到关怀，他暗示了受护理人并非完全是被动的。

同样地，提供给残障人士的护理的质量由道德能力决定，道德能力对应于不同的做法、不同的心态和一种特殊培训。在护理过程的每个阶段中，护理人员和他们的心态都会发生变动。因此，最能够应对脆弱性状态的方法是，不同护理人员相互合作，父母和护工相互协助。联系的增加避免了共生关系的形成，而共生关系让一切离别都充满悲剧性。联系的增加还能帮助孩子在家庭之外获得繁荣发展。最后，参与护理的人们都有一个共同点。它解释了人们在探讨关怀时，总是用单数的原因，尽管关怀由许多阶段构成并且涉及许多人或机构。这个共同点规定了关怀伦理学（其中，关怀被视作一种实践理性）的研究方法。

　　这个伦理学方法不能简化为情感或某种精神状态，它包含一种实践意义以及对想象力和创造性的重视。这就是说要发挥想象力，通过移情的方式来感知某种状况的要求。在陪伴多重残障人士的过程中，必须强调想象力和观察力的重要性，因为多重残疾人士的情感表达有时候让人摸不着头脑，甚至可能与常理或普通逻辑相悖。关注孩子所表达的东西意味着，护理人员对自身的人力资源有着十足的把握，而我们不能单单以技能来衡量人力资源。感性智慧指的是有能力看到理性（理性负责归纳）所不能看到或所掩盖的东西。在所有护理行业中，感性智慧都非常重要，因为个体的反应取决于个体的性情并且有时候是无法预料的；此外，临床诊断不足以解读个人行为，人们也不能因为预后的可靠性和良好的技术实力而拒绝听诊或与病患近距离接触，因为这些行为能够帮助人们探测到并发症的前兆，从而避免悲剧发生或确保病患身体状况正常。

　　注重护理人员的个人责任和努力维持身患多重残障儿童的情感联系，这两者是相辅相成的。这种伦理学方法并不围绕资源分配的平等性来构建护理方法，相反，它鼓励我们去质疑一些关于护理人和被护理人之间关系的刻板观点。关怀伦理学批评所谓的中立立场，后者要求在护理行业中杜绝情感因素。关怀伦理学认为与他者的联系和关系生活的质量是护理的条件之一。当人们反思多重残障人士的陪伴问题时，会提出疑问：是否只有多重残障人士和亲属之间的关系才能成为亲密关系？是否应该停止加深这种亲密关系，从而避免过度的感情投入导致好心办坏事的局面，而让残障人士学会充实自己？

琼·特朗托把关怀定义为全面的护理，这个定义的主要贡献在于，它明确了确保护理人的自主性和受护理人的自主性不受侵害所需要的道德能力和品格。琼·特朗托本人从未说过这样的话：一个着重考虑脆弱性的护理方法，它的目标是促进个人的自主性发展。我们的研究方法和她的研究方法之间用语的差别反映出双方对于"尊重依赖者"的理解是不同的，这种用语差别也决定了依赖者可以享有的认可程度。它还解释了我们批评关怀伦理学的原因，因为在我们看来，关怀伦理学似乎无法构建一种团结合作的政治模式。在说清楚引导我们从伦理学过渡到政治的思路前，我们要思考，在说明关怀每一阶段对应的道德品格时，什么能够帮助我们去回答照料过程中出现的这一难题：如何与多重残障人士建立一种良好的关系，不能压抑他的个性，还要克服一些父母陷入的困境（即父母感到只有牺牲自己才能够不牺牲自己的孩子这种进退两难的局面）。

通过遵循一种尊重多重残障人士的特殊性的研究角度，通过坚持主张标准的不可比性，个体的他异性和多样性以及对我有用的东西不一定对他人有用的事实，来鉴别多重残障人士的需求。为了实现上述内容，人们需要获取和发展某些素质和能力。当人们思考这些素质和能力时，人们尤其会对琼·特朗托所说的关注产生兴趣。琼·特朗托引用西蒙娜·薇依的话，写道"关注在于停止思考，让它呈放空状态，随时准备被它的客体所填满。思想必须是空的，处于待机状态，什么都不追寻，在空白的现实中时刻准备着接受将要渗透它的客体"[①]。关注是关怀涉及的第一个道德层面，它也是对应于照顾第一阶段的素质，因为，为了鉴别他人的需求，就必须暂时忘记自己的先验经验和期望。宽容接待他人和理解他人所愿要求人们摆脱自己对于好或"正常"的定义并且不要流露害怕的情绪。人们需要消除杂念，安定心神，这不仅是为了避免自己产生干涉他人的倾向，刻板地填充那些无法说话的人的空虚，强迫他们做我们认为合理的事情；同样也是因为紧张、恐惧和它们引发的猜测预料会阻碍人们通往他人的世界。

为了照顾某人，就必须与自己达成和解。然而，关注并不是简单的心理可获得性，西蒙娜·薇依或马勒伯朗士认为，

---

① 琼·特朗托，《一个脆弱的世界》，第150-151页。作者提到了西蒙娜·薇依在《重负与神恩》中重点关注的定义。《重负与神恩》(1947)，巴黎，口袋出版社，2001。为解释疏忽造成的政治影响，作者还引用了汉娜·阿伦特，《艾希曼在耶路撒冷》，巴黎，伽利玛出版社，1997。

关注是形而上学沉思的前提条件，它是一种自然的祈祷。关注意味着思想处于空窗状态，个人意见被弃置一边。它是一种方法，能够帮助我们看到和思考那些如果内心充斥着先入为主的观点和期望就无法思考或想象的事物。关注是阐释学的出发点，也是正确理解事件和人、迎接新事物或未知事物的条件。它是智力层面和道德层面的一种能力。

此外，照顾多重残障人士等于走入了这样一个世界：在那里，作为一种主导现实并给现实留下印记的力量，预测模式或意愿模式不再适用。琼·特朗托没有详述这一点，但这一点在我们与多重残障人士的关系中格外重要。多重残障人士是他异性的极端代表，多重残障非常复杂，这体现在我们把脆弱性概念当作以下方法的基本概念：这个方法强调残疾的正面性，重视个人，推崇一种完好无损的生命前景。实际上，识别个人的需求意味着，人们要同时考虑好几个因素，对于处于特别状态的特殊个人，在人们给出答案时，人们要思考什么是要保留和抛弃的，同时也要接纳偶然情况和这个事实：并不是规划或可能性让人们呼吸，让人们体会到自我意识。

同样地，个人责任对应于关怀的第二阶段，具有很强的实用意义，它促使人们去反思他者对援助人和护理人抱有期许的合理界限。一旦鉴别好个人需求，人们就需要思考自己是否能够满足这些需求或是否应该把这个任务托付给其他人，

238 是否需要几个伙伴一起合作。这一点再次表明了为他人提供护理的质量和援助人或护理人意识到自身的能力和不足之间的联系。人们才会懂得避免盲目的投入。掌控自己照顾的身患多重残障的儿童或成人的生活，这种意愿是一种诱惑。这种意愿反映出，人们还无法做到心无杂念去接纳他人。因此，如果援助人，尤其是父母或亲属，无法做到个人自主，多重残障人士的幸福和自主性就无法实现。为了支持那些需要我们从他们的行为里识别出他们的意愿和帮助他们实现潜力的人的自主性，我们就必须是自由的并且做到自我抹消（自由的第一步就是自我抹消）①。

这种对于我的自主性和多重残障人士的自主性之间的联系的理解和认为两者之间的平衡使得第三者即护理人员的工作和各种照顾机构的出现成为可能的观点，是琼·特朗托对于关怀（作为一种全面的护理）的定义和对于关注的分析的关键点。然而，她并没有从她的研究方法里得出所有结论，她的研究方法限于伦理学范围，即关注弱势个人和护理人员之间的二元关系。诚然，护理人员是各种各样的，琼·特朗托给关怀下的定义和对关怀的中心地位的强调能够影响政治组织模式，鼓励发展推动民主行使权力的道德品质，反对那

---

① 西蒙娜·薇依，《重负和神恩》，第51-52页。

些针对护理人员的歧视。然而，这样一种研究方法无法帮助弱势人群，尤其是残障人士，真正地融入社会。他们将会和我们生活在一起，这是指我们必须为他们提供一个恰当且个性化的护理，护理机构必须保证他们能够享受到这种护理，但是只要我们不重构自主性，让自主性在政治层面也占一席之地，构思一种强调残障的正面性的陪伴，我们就无法让他们成为法律主体或公民。

如果只能在这种研究方式（在此研究方式中，脆弱性概念能够构筑一个强调残障的正面性并促进残疾人士融入世界的照料方式）范围内去主张多重残障人士的自主性，这就意味着，"关怀"即便是在它被定义为全面护理的情况下，仅仅只是旨在充分认可多重残障人士的流程中的一个阶段而已。充分认可不能绕过与权利和平等相关的词汇，即便我们需要说清楚措施和程序，让弱势人群能够发出自己的声音，使伦理学到正义的过渡超越弱势人群的政治代表性条件。认可比享有权利更进了一步，它意味着我们承认，不同于我们的个体会影响到我们对自身以及社会联系的看法，它还意味着我们真心实意地认为这些人对社会做出了某些贡献。

这样一来，琼·特朗托认为护理人员必须获取某些能力才能给予关怀（关怀的第三阶段）的主张促使我们去思考专业人员的培训问题，去探究这种培训是否是社会的优先要务。在这一块内容上，此主张凸显了关怀的政治意义。同样地，

240 看重弱势个人的反应性（接受关怀）意味着弱势个人参与到了护理之中。然而，如果人们想要构建一个团结协作的政治模式，就必须完善这个研究方式。

从伦理学到正义

任何帮助多重残障人士过上真正的人类生活的事物都应该得到鼓励。这一评论要求人们超越关怀，关怀规定了旨在保护和修复世界的活动。琼·特朗托所定义的"关怀"并没有包含娱乐、创造性和激发求知欲的东西。然而，对个人（包括多重残障人士）的繁荣发展来说，这些东西不可或缺。琼·特朗托和关怀伦理学家们没有明确地把培育个人自主性当作陪伴的目标，由此，他们把我们和多重残障人士的关系限制在"关怀"框架内。这也引导他们按照"关怀模式"，甚至父母关系，来设想人和国家的关系，正如伊娃·基塔所主张的那般①。

---

① 伊娃·基塔，《爱的努力：论女人、平等和依赖》，纽约，劳特里奇出版社，1999，第 23-26 页和第 104-109 页。"我们都是一位母亲的孩子"，作者这样写道。她坚持认为应该把依赖列入正义情况中，她主张一种扩大的相互性观点（在传统社会里，提供给产后母亲的援助）。关怀对于我们中的每一个人都很重要，我们都曾接受过关怀（为了生存和发展）。因此必须满足那些需要接受护理的人的需求，以及那些给予护理并不能照顾自己的人的需求。参照玛莎·娜斯鲍姆，《正义的前沿》，第 217-219 页。

　　这并不是说，互惠互利就是最正确的社会联系方式，也不是说，带有不对称性的责任概念意味着他人必须对我投桃报李。与多重残障人士打交道教会我们，不要想着让他人满足我们的期望，就像我们对他的期许，但这并不意味着，身患多重残障的儿童或成人不知道感恩。

　　情感转移构筑了人们与弱势个人的关系，这些情感转移教导陪伴和照顾他人的人既要学会付出又要学会接受，就像父母和从事临终关怀工作的志愿者们说的那样。一开始，这些志愿者来到病人的身边，想着要做到自己力所能及的一切事情，希望自己也能从中获得"自我治愈"，为其他人做到他们过去未能为自己亲人做到的事。但是很快，他们看待事物的观点就发生了180度大反转。他们明白了，陪伴在于让他者做完他必须做的事，在他者身处之地寻找他者。

　　这种陪伴的定义依然是有效的，无论人们是与一个临终病人、一个病患还是一个能继续活数十年的残障人在一起。同样地，弱势人群的亲近之人会意识到与弱势人群的接触改变了他们。如果说，为了陪伴他人，就必须接受让自己置身一个无能为力和脆弱的处境，那么以下情况也是真的：躺在医院病床上的他人，长卧不起或身有缺陷，但因为他还活着，在离世的前一个星期或前一天听到了窗外鸟儿的歌声，他就能教会我们生命的可贵和现时此刻的无价。当我们碰到一个因生活条件而处于弱势或残障状态的人时，我们有时候会感

242　　到更加悲伤，因为这种状况指责了我们在社会关系上的不作为，证明了我们无力应付贫困、环境危机和战争引发的社会不稳定和社会漏洞。然而，我们依然感到自己正面对着赤裸裸的人性。认为尊严无法衡量，即使我们都需要另一个人来见证这种无人作为参照的尊严——大家都不言而喻地接受了这种观点。

关于"我们对他人的责任"的这种理解让人既想到莱维纳斯的哲学理论又想到关怀伦理学，因为关怀伦理学强调了联系的重要性、对他人的需求以及它的超验性，每一个生命的神秘之处。关怀伦理学家们只衡量了一个方面。此外，即便他们考虑到了人的特殊需求，他们对于个性的观念还停留在心理层面。他们的个性观点不具形而上学维度，在莱维纳斯的哲学理论中，形而上学维度对应于他所称的上帝观念——观念中出现的上帝，尽管人们不能把我与他者的关系的此层含义归结为宗教信仰，因为对他者的超越性，我自身的神秘性，我的无知性的承认并不需要宗教信仰或形而上学。

这样一来，关怀伦理学家们往往认为人类身份由社会关系决定，就好像不存在其他因素，人完全处于他的社会关系之中。这种主体观念（以及他们在构建社会身份时，往往参照一种儿童发展模式）和这个事实——他们单方面强调他者的需求，而不重视我们也有需求对他人负责或用我们的方式向他人表达我们可以为他做的事，甚至在我们处于依赖状态时，他们也这么做——说明了他们的研究方法在政治层面是有局限的。多重残障代表的极端依赖状态并不会减少一个人以各种方式融入世界的需求。

关怀伦理学家们对于脆弱性的定义和他们对责任概念的认识不足凸显了他们的医疗伦理学方法的局限性。看管陪伴老人和残障人士或多重残障人士，要求协调好护理和社会融入，于是这些局限也就浮出水面了。人们很难从琼·特朗托的逻辑前提出发去构思身患多重残障的儿童和成人在社会中的地位。同样地，即使关怀伦理学揭露了社会中存在的一些支配状况，它却不能改变社会联系现状，让我们走向另一种社会模式和政治组织模式。然而，如果说残障人士的社会融入问题值得我们关注，那是因为它见证了我们的社会价值取向，揭示了这些价值的冲突矛盾，它还打开了一个思考空间，要求我们重新考虑是什么构成了主体身份和人类人性以及什么是社会联系的特点。那么这个问题就是脆弱性伦理学的重要组成部分，脆弱性伦理学在解构了这样的人类观和世界观（它们引发了暴力或排斥现象，在值得考虑的生命和不值得考虑的生命之间造成了隔阂）以后，试图去指出一些要点，帮助人们建设一个更加公正并坚持他异性人文主义（之前已经说过）的社会。

一个向残障人士和照顾他们的人提供体面的甚至舒适的生活条件的再分配体系是必要的，但这种解决方式还不足以

244　让他们融入社会。就像伊娃·基塔和玛莎·娜斯鲍姆说的那样，她们重提女权主义者的经典论点（这个论点揭露了连平等自由主义者都赞同的双重标准），那些正义理论就残疾人士的照顾问题所提出的解决方案又一次遵循了公共领域和家庭领域的分离原则，根据这种分离，妇女应该承担护理和教育的工作[1]。这些正义理论还以某种方式证明了男性对女性的经济支配是合理的，它们认为身患多重残障的儿童的命运取决于他们身处的社会阶级。就像伊娃·基塔的女儿那样，那些从父母双方关注孩子的成长并且经济条件较为宽裕的家庭出来的孩子会接受到良好的教育和可靠的支持，从而实现繁荣发展。然而，一个公正的社会不应该接受这种现象，即个人的命运如此取决于一个偶然因素——出生成长环境[2]。

　　我们必须创建一些机构去充实儿童的社会生活，同时让家长们也歇口气。这个点子在于，确定个人在护理和教育方面的需求，引导他们去往最合适的机构组织，要么把他们托付给特殊学校，要么让他们在一个教学团队都经过培训而且其他学生关注这些社会问题并能够欢迎他们的传统学校中就

---

① 玛莎·娜斯鲍姆，《正义的前沿》，第 212 页。

② 玛莎·娜斯鲍姆，《正义的前沿》，第 194 页。

学①。这一系列行动都符合了个性化护理的要求，个性化护理能够尽可能地提高残障人士的自主性，而不是强迫他生活在社会边缘，就好像他和其他人的权利不是一样的②。此外，这些项目通过鼓励所谓的"正常"小孩和残障儿童（他们也是能够进行社交活动的）一起上学，教导世人不要只把残障看作为一种功能丧失现象，而要把它视作一种生活方式。

身患残障或多重残障人士的社会地位反映了一个社会的

---

① 玛莎·娜斯鲍姆，《正义的前沿》，第205页。关于这一主题，玛莎·娜斯鲍姆谈到了1997年的《残障人教育法》。这一美国法案建立在个性化教育观点上。各个州必须清查那些没有接受到个性化照料的残疾儿童并确保他们的父母以及相关工作人员接受到必要的帮助和培训。

② 在法国，1975年6月30日和2005年2月11日出台的关于残障人士的地位和权益的法律使得残障人能够更好地融入社会，比如，在1975年，每个大省都创设了残障人士再就业前期准备和后期跟踪团队。2005年2月11日出台的权利和机会平等法律使得残障儿童能够在其所在社区上学就读。这条法律提到了残障儿童的特殊教育需求，但是没有提残疾儿童适应和融入学校项目。根据卫生部和教育部的联合法令，1989年发布的新附件24旨在修改特殊机构和部门的批准文件，从而推动一种"残障儿童的质量化护理"。每个附件都为一种特殊缺陷规定了批准条件，并且考虑到了多重障碍的复杂情况。这些新附件24还包含了为每个孩子施行一种特殊化教育和治疗计划的义务。最后一点，2002年1月2日出台的法律"改革了社会行动和医疗社会行动"，它也涉及社会机构（比如儿童保护机构）和医疗社会机构（特殊接待所），这些措施鼓励我们抹除掉正常人和病人之间的界限。这个法律把"使用者"（我们会发一本欢迎手册给他）置于"机制中心"，强调使用者的公民资格（他们可以和其他管理协会代表人以及专业人士一起参与社会生活委员会）。2005年1月18日和2月11日出台的关于社会团结和残障的法律规定，不再由国家医疗保险养恤金局，而由团结和自主国家养恤金局来负责高度依赖状态的人（包含老人）的需求。参照伊丽莎白·祖克曼，《对待残障人士》，第145-154页。

246 发展状况，因为社会的发展在于承认人在尊严方面的平等性和促进尊重差异。这是为什么玛莎·娜斯鲍姆坚持认为，不应该存在一个根据残残障状和专为残障人士制定的可行能力清单[1]。当人们只看到残障人士的缺陷（缺陷侵蚀着他们的个性），并且把他们的缺陷视作社会的沉重负担时，这种思维等于是把残障人士逐出人类共同体，加深了残障人士的耻辱感。可行能力和集体为了保障每个个体获得一定程度的自我实现而必须做出的努力底线必须是一致的，无论个体是不是残障人，这并不是说，所有患有大脑疾病和行动障碍的人都能达到这一底线，能够投票选举或生儿育女。

自然人的平等是指基础可行能力的平等。这些可行能力被定义为存在和行动方式，它们是我们实现功能的自由，这些功能是行动和状态的复杂组合，它们覆盖了从身体健康到行使公民义务、对周围环境施加影响的一系列事情。由于残障，还有年龄和脆弱处境的因素难以将资源转化为发挥功能的能力，平等就要体现在这些可行能力上——它们是实现真正符合人类尊严的生活的基础，也是国家应该承诺去保障的可行能力——而不是初级物品分配上。与个人拥有的简单能力不同，这些可行能力是"复合型能力"，就是说它们包含了

---

[1] 玛莎·娜斯鲍姆，《正义的前沿》，第 180-195 页。

教育和将它们付诸实践的机构。因此，公正在于推广一种良好的社会、政治、教育、情感环境，让每个人都能发挥自己的可行能力。这意味着要在上文所说的教育和工作方面进行制度改革，还要思考（残障人的）政治代表和监护的法律形式。这就是在以色列、德国和瑞典实行的不同监护机制的核心，娜斯鲍姆指出了这些机制的各自优势[①]。

维护平等原则是避免把残障人士视作二流人类的唯一方法。维护平等原则也促使我们筹备一些护理和教育机构以及设立一些场所来促进个人的自主性发展。这样一种促进平等的行为体现了让残障人士融入社会或回归主流的特点。"回归主流"一词表现了通过个性化方案满足残障人需求和残障人士参与社会的可能性之间的紧密联系。如此，把我们所定义的脆弱性概念列入社会政治组织体系的核心，要求我们重构伦理学和民主制度的基本范畴。

实际上，脆弱性和自主性之间并无对立，即使脆弱性要

---

① 玛莎·娜斯鲍姆，《正义的前沿》，第196-199页。娜斯鲍姆对比了以色列、德国、瑞典三国的法律，指出了这些法律是如何提高残障人士的可行能力的。她引用了一个以色列的例子：从1999年的法律出台开始，国家承认每个人都享有平等权利去参与社会生活的不同领域。她坚持主张代表制形式和适应残障人士需求的监管形式的多元性，以及瑞典体制（1994年创立）的灵活性。她还重新反思了1992年出台的德国法律，这一法律规定，保护个人和尊重残障人士的自主性是不可回避的准则，它们能够限制监护人或代表人的权利范围。

求一个完全不同于自主性伦理学（我们用"自主性伦理学"来指代一种意识形态）所规定的自主性定义。同样地，受到脆弱性伦理学影响的政治结构意味着要考虑到有生命之物和人类自身的脆弱性。这种按照（脆弱性伦理学重新定义和组合的）脆弱性概念以及责任概念组成的政治结构要求，无论年龄、出生环境、生活条件带给人的身体或心理多少曲折坎坷，人在生命各个阶段都要受到尊重。最后，这种政治结构将对他人的尊重和对大自然的尊重紧紧结合在一起，并把抵抗共同世界的解体变成一个责任问题。

努力确保在法律上代表弱势人群的利益，让他们的意见能被大众听到，在政治上代表他们说话是很有必要的。从伦理学到法律和正义范畴的过渡离不开确认人人平等原则和承认自由与社会参与在人类发展中的重要性，但这个过渡还不足以建立一种团结合作的政治模式。团结合作的政治模式意味着要调整作为现今契约制的思想基础的哲学范畴，就像玛莎·娜斯鲍姆提到的那样，她坚持认为，改变残障和弱势的相关代表形象是必要的，这样才能获得一个新的自我形象和世界形象来改变我们对于社会联系的看法①。换言之，只有我们用另一种角度（不同于我们从过去沿用至今的角度）看待

① 玛莎·娜斯鲍姆，《正义的前沿》，第221-223页。

主体，我们才能避免双重标准（它阻碍我们实现与民主理想相关的承诺）。这份努力会影响到，在残障人士和多重残障人士的社会和政治融入相关方面，每个人在工作和日常生活中愿意给予他人的东西。然而，为了使团结合作原则成为社会政治组织模式的核心，为了让老年人和遭受认知或行动障碍的人不被视作累赘，为了让我们因为责任意识而行动，而不是单纯地尽义务，我们就必须要有另一种身份观念和另一种关于人与他人关系的看法，它们与政治自由主义的基础观念没有任何关系。

脆弱性伦理学的特殊贡献在于：通过充实我们对于人类的理解，了解人们在身体、精神、社会关系、文化方面的脆弱性；通过让我们了解机构的弱点，文化破坏（例如，对世界的热爱）的潜在可能性，人类与动物、大自然之间的关系对于自我确认和促进正义的作用，使我们得以丰富自由主义的内涵。只有在主观性上做出改变，民主社会的人们才有能力去应付生态、经济、社会、政治挑战（这些挑战让他们正视自身的矛盾性）。这种主观性的改变指出了我们之前谈及的各种领域之间的紧密联系（环境保护、与动物的关系、工作分工模式、对多重残障人士的支援），我们把这种主观性的改变与"考虑"的概念联系在一起。

斟酌

这个概念已经被人们遗忘在脑后，但它其实有着丰富的蕴含，它现在多用于客套话中，而这并不能让人完全看到它的丰富蕴含。词语"斟酌"源自拉丁语"considerare，cumsideris"，它的意思是观察星象，仔细观察并予以重视。与赞同或简单的一致同意不一样，"斟酌"促使我们去斟酌他异性，而不去抹消我和他者之间的差异。"斟酌"指以平和的眼光看待世界，它意味着有自知之明，它还可以延伸到我以外的事物，直到星空，而不向他人投射自己的期许或焦虑，不因爱慕一个想象的整体而自我消融。主要意思就是，人们给予事物的关注和价值首先取决于人们对它的某种态度和人们对自己的态度。与"沉思"不同，"沉思"意味着已经知晓真理，而"斟酌"的目的却是寻找真理[1]。圣伯尔纳铎说，任何对其他人、其他物种、其他事情的想法，世间的任何行为和任何责任都需要某种与自身的关系，由此他强调了"斟酌"的核心作用。这个概念对我们起到了醍醐灌顶的作用，我们正试图构建能给政治哲学提供它所需要的主体概念的一种责任概念。

---

[1] 圣伯尔纳铎，《论沉思》（1148-1152），译者：P.达罗兹，巴黎，塞弗出版社（1986），2010，第二篇，第5节，第47页。

斟酌的义务和对他人展现的尊重是一种主体活动的产物，这种主体活动首先在于抑制躁动，这是主体本身具有的躁动，这种躁动并没有消失在无数次的辩解和纷繁的世间事务中。圣伯尔纳铎写了一本关于"斟酌"的书，这并不是偶然。他写信给教皇尤金三世，劝导他不要纠缠于无尽的诉讼之中，因为这会使他失去正义感和发现真理的能力："对于自己都没有好处的事情，又会对谁有好处呢？"① 你不应该"只致力于一个活动，而不把你的时间和精力留给'斟酌'沉思"②。

"斟酌"，它"必须发扬光大而不是退居幕后，它必须与你保持一段距离但不是彻底离弃"③，它要求了解"你是什么，你是谁，你是怎样的"④。"斟酌"还要求人思考自己的贫乏，人从母体中出来的时候是赤裸裸的⑤。此外，对自身机能和优势的自省（它防止我们低估或高看自己，或"在遥远的地方"⑥迷失道路）意味着，当人们"不造地基就开工建设"时，没有一种行为、一种责任、一种思想可以是正确的："一个不了

---

① 圣伯尔纳铎，《论沉思》，第一篇，第 6 节，第 30 页。

② 圣伯尔纳铎，《论沉思》，第一篇，第 6 节，第 29 页。

③ 圣伯尔纳铎，《论沉思》，第二篇，第 6 节，第 48 页。

④ 圣伯尔纳铎，《论沉思》，第二篇，第 7 节，第 49 页。

⑤ 圣伯尔纳铎，《论沉思》，第二篇，第 18 节，第 61 页。

⑥ 圣伯尔纳铎，《论沉思》，第二篇，第 19 节，第 63 页。

解自己的人不配称为有学问的人。你的'沉思斟酌'要从关注自己开始，但沉思不应该到此为止，因为应该由你来结束它。"①

在一篇强调品格之间相互联系、一个负有重大责任和具有权威的人必须保持好这些品格的文章里，出现了这个对于"斟酌"的分析，该分析并不是只指出了了解自我和了解世界之间的关系或者把前者当成实现后者的条件②。它也不是单纯吹捧学习或介绍冥想式生活（这是一种哲学或精神理想，它分离了思想和实际参与）。主要意义在于，斟酌的出发点和正确看待世界以及做出妥善行动的条件是主体自己。"斟酌"远不是任何狂喜幻觉或任何会引起出格言行的狂妄自大，它也不会和一种超验性秩序或一个高级实体结合，"斟酌"是一种能够明辨是非的全面认识。"斟酌"不是盘算，它不会用同样的标尺去衡量事物，但它能够重视事物，欣赏事物的闪光点或美丽，对事物的渺小和脆弱致以敬意，知晓这些事物来源于秩序或混沌。斟酌既不是否认现实也不是冷漠。就像圣伯尔纳铎写的那样，斟酌始于我也终于我，但它来自更高处的地方，因为人类一丝不挂地出生，而这个让我们想起我们是

---

① 圣伯尔纳铎，《论沉思》，第二篇，第6节，第48页。
② 圣伯尔纳铎，《论沉思》，第一篇，第9-11节，第35-38页。

什么和我们的起源的提醒让"荣誉自身都轻视荣誉"①，还促使我们"像仆人一样行事"②而不是像主人一样发号施令——要尽义务的想法克服了要统治支配的幻想③。

与他者的关系和对大自然的尊重必须以人与自我的关系为前提；本书中所探讨的生态学和正义的考验，它们所要求实施的政策，只有在统治者和被统治者都做出判断的情况下才能诞生；对他异性的重视成为人文主义的核心，以上便是脆弱性伦理学得出的结论。这些结论看起来很简单，尽管，与一些环境伦理学支持者的观点相反，它们意味着，我们只有从研究人类自身出发才能达成深生态学给出的愿景，而且我们没有必要为了克服我们现在面临的危机而大肆攻击自由主义，即使我们必须充实主体哲学的内容来应对危机。同样地，这些结论体现了这些问题的连带性，而人们往往分开讨论这些问题，使这些问题成为"孤岛式伦理问题"。最后，如果我们把"斟酌"问题作为这一章节的最后部分，那是因为，我们很难提供一种人类形象和人类与他人关系的模板，来指导我们的行为和帮助我们改变我们的工作方式，让弱势人群参与世界的方式和我们在地球上的居住方式（我们要尊重其

---

① 圣伯尔纳铎，《论沉思》，第二篇，第 8 节，第 50 页。

② 圣伯尔纳铎，《论沉思》，第三篇，第 2 节，第 71 页。

③ 圣伯尔纳铎，《论沉思》，第二篇，第 10 节，第 53 页。

254 他生物和其他物种）。如果我们不描述一种态度，我们就不可能得到这种人类形象和人类与他人关系的模板。

激发人类情感，尤其是同情心，是不够的。因为同情心是有限的，人们很难对未知的下一代产生同情，更不用说那些离我们非常遥远或我们根本不知道的生命了。不仅我们感同身受的能力是有限的，而且，现代技术可能会把一切都抽象化，使一切都失去现实感，这会掩盖我们的责任范围。同情心和移情要求人们正视人们将要照顾的人。相反地，如果人们致力于纠正自我形象，说明什么样的态度才能让人们感到自己与在其他人、其他物种、文化身上发生的事息息相关，人们就有希望触碰到政治的理论基础。这就是重振"斟酌"概念的意义。脆弱性伦理学的主体不一定心有上帝，但是它一定会实践"斟酌沉思"。在这层意义上，它是虔诚的[1]。

---

[1] 圣伯尔纳铎，《论沉思》，第一篇，第8节，第33页：圣伯尔纳铎将虔诚定义为"斟酌沉思的实践"。

结论

　　"他的名字是阿尔泽尔·布菲耶。他以前在平原地区有一个农庄……他认为这块区域会因为缺树而走向死亡……他一点也不担心战争会影响到他。他只是心无旁骛地继续种树。1910年种的橡树已经有10岁了，长得比我和他都高……一切都变了。连空气也是。散发着香气的微风向我吹来，不再是以前那种干燥而猛烈的狂风。从高处传来类似淙淙流水的声音，那是穿过林间的风……当我想到，一个人仅凭身体力行和坚强的意志，便可以把这片荒凉的土地变成到处都是奶和蜜的迦南之地，我就发觉，无论如何，人力是值得赞叹的。但是，当我仔细想想，为了达成今日的成果，他需要矢志不渝地坚守着这颗伟大的心灵，始终慷慨大方地奉献自己，我就对这个没有经过教育的老农民产生了万分敬意，他知道怎样做好这项值得被上帝赞赏的事业。"

让·季奥诺
《种树的男人》

256 　　生态学家对传统伦理学的批评不足以带给生态学一种能够应付当今挑战的哲学思想，但这并不意味我们丧失了一切希望，就好像终极的智慧在于向恶屈服，同时尽可能地延缓恶的到来。深生态学的相对失败也是它的伟大之处：即便深生态学的信奉者没有构建一种能够在国内和国际层面指导公共政策的本体论；即便他们中的某一些人意识到：这样一项工程（构建本体论）相当于强加给他人一种不具普遍性的自然观，而利益相关方和不同文化背景的代表应该坐在一起讨论大地伦理学中列出的原则，他们至少搅乱了哲学界。

　　同样地，与用一种纯粹的经济或法律方案解决环境问题不同，他们看到了，鼓励人们防止资源耗尽和生态系统恶化的规章制度并不能阻止漏油事件的发生。他们明白了，除了预测生态危机以外，还应该为了大自然而保护大自然，因此需要构思另一种人与大地的关系，停止将大地视作我们可以肆意妄为的简单场所，停止认为人类的情绪和国家间的敌对意识是推动历史前进的唯一动力。他们激进地将政治和本体论联系在一起，他们在反思生态问题时，往往会批评我们的伦理学范畴和文化表象，这种激进性阻止我们挖掘时兴主题背后的意识形态。

　　利奥波德思想的继承者们指出，如果人们想要找出脱离困境之路，就必须重新调整（依然是今日标杆的）伦理学和政治所依赖的概念框架。这样一来，这些继承者要求我们把这些问题抛给传统派哲学家们，而他们可能从未料想到这些问题。这并不是说，一种哲学理论只能对应于一个时代，也不是说，真理有时限性。相反地，大地伦理学的美妙之处和价值范畴以及道德可考量性范畴的革新向我们提出问题——怎样才能从理论走向实践——它们还促使我们反思哲学历史传统中的主体观念。

通过把责任当作一种此在方式——主体的本性（这个主体不仅具有自我保存和自我教化属性，还关心他的权利的应有状态，在他的求生意识中会注意维护大地的健康，不会强制损害其他物种的生活质量，不会篡夺他者的位置），我们从莱维纳斯改变哲学氛围的方法中得出一些政治方面的结论。在《整体和无限》中揭示的我与他者关系的伦理性一面并不能构建一种环境伦理学，这就好像是按照他人脸上浮现的"不要杀人"禁令来构思我们对大自然和其他物种的责任。不仅我们对大地和动物的责任不同于我们对同类的责任，而且，这样的研究角度曲解了莱维纳斯对伦理学的理解。

同样地，自然环境恶化会对人与人之间的关系产生影响——这个事实本身就足以证明一个更加尊重环境的政策是合理的，但是这种论证不能凸显我们的研究方式的特别之处。我们的研究方法不属于一般所称的伦理学范畴，即不属于一个为社会政治生活其他领域提供养分的规范性学科。关注我们的行为对其他人类、后代和大自然产生的影响是十分重要的。然而，任何对风险的反思，甚至任何关于未来的伦理学，都不应该让我们忘记，生态学和应用伦理学的其他领域要求我们正视的东西，即我们自己，我们是什么，我们是谁。因此，问题在于思考，我们的饲养行为，我们的农业模式和我们利用生物的方式揭示了我们是怎样的和我们如何看待自己（以至于我们会这样对待生物和事物）。在道德行为体之上建立法律体系的问题是脆弱性伦理学的核心内容，脆弱性伦理学评论了人类形象、社会联系形象以及我们的存在之于大自然的形象。

针对"我是谁"的"谁"所提出的问题（我们的发展模式导致我们陷入矛盾和困境，这些两难局面引发了这个问题）意味着要抛弃某些莱维纳斯赞同的思维模式，尤其是认为动物的呼唤不存在的观点。在了解到动物遭受的残酷暴力以及思考了这些暴力所反映的我们的形象以后，我们试图促进一种以他异性为核心的人文主义。这种人文主义与一些伦理学和法律范畴的构建密切相关，这些伦理学和法律范畴能使我们考虑我们与动物的关系中的正义，并且指出我们踏入同情心战争的根本原因。这场战争导致了一些不理智的行为出现，其中，赢利的绝对命令证明了我们强迫动物适应工业化饲养环境的合理性，它还要求在这些环境里工作的人变得冷酷无情。工作分工的主导逻辑和它所依赖的意识形态都建立在对现实的否认和失真沟通策略上，失真沟通策略的结果就是让好人也参与到"吃力不讨好的苦话"之中。这种意识形态在社会政治生活中的其他领域也占据上风，但它只是海市蜃楼般的幻影。

无论是主要探究支配问题和认可问题的社会哲学，还是关怀伦理学和它对护理的中心地位的强调，都不足以让我们充分地反思我们的发展模式和政治组织体系。它们既无法说明这种发展模式和政治组织体系所依赖的哲学范畴是什么，又不能证明这个事实——我们正面临着恶的问题。任何一个就我们能够应付社会不稳定状况、安置照料弱势人群、维护和修复我们的世界、促进更多的社会正义的方法提出的伦理或政治方面的质询都没有恶的问题更加透彻。可以这么说，恶的问题是形而上学的问题。从这个意义上来说，脆弱性伦理学的基本概念保留了莱维纳斯的启发性思想，他的心理创伤和他的确信——为了不让人利用哲学思想来支持破坏、战争和人类的客观化，哲学思想就必须是激进的——要求我们重新思考主体，然而，只有抛弃莱维纳斯对政治的定义（这个定义把他者摆在了同样的地位上，使政治简化为各种正义和平等的关系），只有以政治哲学的眼光（即本体论和政治学的交叉口）去思考问题，我们才有希望让莱维纳斯的智慧遗产绵延下去，实现他所说的"另一个人的人文主义"的愿景。

我们保留了莱维纳斯的这个观点：伦理学并不是一个孤立的领域，它是我和他者关系的一个维度，这相当于肯定了我的责任比自由更重要，并且改变了作为自由主义标杆的主体观念。然而，对于我们来说，自我性不仅体现在我和他人的关系上。它同样让我对制度机构予以关注并让我反思社会政治组织体系。这种反思并不止步于典型的政治问题，例如，权威、权力、主权，它还会就我与集体的关系提出问题。这种关系构成了主体，决定了主体与自身和（体制内）他人相处的方式。这种关系还塑造了主体的叙事身份，让他或不让他向他人敞开心扉，在他身上培育出对世界的热爱，或相反地，分裂他（通过不让人们建设公共空间和参与共同世界）。

就这样，深生态学推导出来的两个核心论述（第一点，生活方式的改变要求人们反思人类对大自然的所作所为；第二点，该反思对政治方面提出的要求，即规定人类和非人类实体的代表方式），逐渐确认了我们的假设出发点：改变我们的行为和发展模式，要从研究人类自身开始，而不是从研究大自然或代表制的开始。

此外，如果说生态学不是一个孤立于其他领域之外的学科，就像生态学家重申的那样，那并不是因为，我们必须从生态标准或生态考量出发去构建社会模式，也不是因为，政治对生态学的重视说明了另类全球化运动拥护者的诉求是完全合理的，而是因为我们正在经历的危机扎根于一种滋养着邪恶思想的生活观和社会组织体系观。这种邪恶思想与主体哲学没有关系，而且就像我们在工作分工那一章节里看到的那样，它反对自由和团结友爱的价值，而这些价值恰恰是人权的核心部分。然而，对我们的发展模式和社会政治组织模式所提出的疑问，把我们对待大地和动物的方式与我们和他者的关系（尤其是在工作场合）联系在一起，揭示了我们的矛盾之处。启蒙时代的文明理想与现在出现的社会和政府类型（它们可能会歪曲体制和民主的含义）之间的差距让我们忧心忡忡。我们必须去纠正现代政治哲学和现行的契约制中的一些内容，它们无法为构建一种帮助我们避免最坏情况的责任概念提供条件，最坏情况是指：针对其他人、生物、大自然和文化（例如共有世界）的无形或有形的普通和特殊暴力不断加剧。

主体变了，民主也就变了。我们试图挑战这个体系从一开始就依靠的人类生活和社会生活形象（现有的社会组织模式把这些形象推向极端，而它的创建者却不对此负责），这不主要是为了调和生态学和政治自由主义。与洛克学说类似的理论可能无法使今日这般的土地占据或土壤中毒成为可能。在法律上，自由主义并不与对大自然的尊重和物种保护相对立。然而，通过把政治代表性、开发大自然、商品流通这三个方面从限制人的权利的法律中剔除出去，通过把理性和公共意志从神的启示里分割出去，使人类智慧脱离于超验性，我们使得现代人的自由成为一种孤独的自由，在大地上流离失所。

现代人不再一定生活在上帝的注视之下并且成了他自身

人性的标尺、他身体的主人、他身体上所有功能的主人。自然法（或合法性）的形式，在康德看来，它是道德律的典型代表或表达，它使我们能够把伦理学原则应用到社会生活、政治生活和法律中，但它丧失了它在《实践理性批判》中起到的中间者作用。在《实践理性批判》中，它将理论和实践、实践客观性观念和特殊行为联系起来①。根据自然法形式所规定的普遍性模式，法律（一般原则的应用，它仅限于遵守规则）获得了更强的力量。同样地，伦理学（以意愿为前提）不能再在遵守义务中找到动力去锤炼灵魂，因为人们不再感觉自己服从于自己的人格，也不像目的王国中的成员一样，受到召唤去到一个更高的目的地，而不是现在这个规定他的喜好倾向的目的地②。

主体已经变成了评估的源头和基础。然而，有两种方法来解读它：要么个人是衡量一切事物的标尺，是与他利益相关的价值的源头；要么这些价值必须属于主观性占有，它们与他有关，但是他并不是它们的源头。在这第二种假设里，人们同样区分了几种不同的可能性。在第一种可能性中，善

① 阿兰·雷诺，《今日看康德》，巴黎，奥比耶出版社，1997，第309页。
② 伊曼努尔·康德，《实践理性批判》，第1篇，第3章，第87页，巴黎，伽利玛出版社，丛书《七星诗社图书系列》，1985，第713页。

由秩序规定，就像马勒伯朗士认为的那样[1]。另一种可能性在于，义务来源于人格，康德区分了个人和人格，人格是被尊重的唯一对象。最后，人们可以认为，价值扎根于一种对人类与他者关系的思考中，这种思考就是我们所称的"斟酌"。脆弱性伦理学的主体是一种民主政治的主体，这种民主政治意味着重构自主性概念，承认自主性概念中的政治意义。

这一预示着古代人和现代人的决裂的情况指出了自主性概念在伦理和政治层面的重要性。这个情况还体现了"枢德概念的危机"[2]，尤其是谨慎概念，它后来变成了提防[3]或机灵[4]。在托马斯·阿奎那或亚里士多德看来，谨慎能够调和普遍规律和特殊情况以及规则和行为，它还能把理智德行和道德德行结合起来，帮助人类理性指引兴趣和意愿。然而，从17世纪开始，谨慎尤其具有一个负面功能：寻求谨慎之人的意见促使人们停止判断，充满怀疑，而不去考虑应该去做的

---

① 在尼古拉·马勒伯朗士看来，秩序指上帝在他的圣言或理性中听从的全部完德关系。这是全部的实践真理。这些完德关系使得万物都变得有一定价值，变得令人怜爱。参照《论伦理》，第一部分，第一章，第12条。

② 让·克里斯托夫·巴杜，《马勒伯朗士和伦理的形而上学情况：关于谨慎品质的衰落》，《12世纪》，2005，第97页。

③ 尼古拉·马勒伯朗士，《论伦理》（1684），Ⅱ Ⅶ；Ⅸ，第102页被让·克里斯托夫·巴杜引用。

④ 伊曼努尔·康德，《道德形而上学基础》，第101页。

264　事情①。谨慎不再是智慧的代名词。它不再是道德的拱顶石，而是一种权宜之计、一种诡计、一种利益计算②。后者对于政治游戏来说必不可少，但是它们无法确定好处的优先次序，也不能使我们在面对变化无常的形势，无法预料的事件，人类世〔在人类世，人类变成了一种地质学因素、历史和一般概念的意义（人类对环境灾难的共同感受的产物），要求我们从其他角度出发去理解现实和负责地做出行动〕所特有的尺度变化时做出正确的决定。

　　这种把谨慎品质排除在智慧之外的行为与我们的经历是一致的，因为我们看到了，政治人物既不能恰如其分地思考生态问题，也不能应对灾害。因此，奥巴马政府（还是值得称赞的）在几个月内都让英国石油公司独自堵塞石油泄漏（这次石油泄漏是墨西哥湾黑潮肆虐的原因，而我们本应该料到，灾难的蔓延范围迫使美国，甚至欧洲，拿出大笔资金去应付这个灾害，而这些资金本是用作国防和军事开销的）。

　　谨慎，它对于处理外交关系和国内事务来说，是一个好策略；但是当我们要就气候问题做出定夺时，光有谨慎品质

----

　　① 让·克里斯托夫·巴杜，《马勒伯朗士和道德形而上学情况：关于谨慎品质的衰落》，第101页。

　　② 让·克里斯托夫·巴杜，《马勒伯朗士和道德形而上学情况：关于谨慎品质的衰落》，第102页。

是不够的。人们应当按照中短期计划和反应模式以外的模式去构思政策，要考虑到相关实体和相关文化的利益。这是否意味着，亚里士多德观念——具有实践智慧的人（一个优秀的政治家形象）——的倒塌标志着重返专制，并且迫使我们在这两者之间犹豫不定：一方面是决策主义和情感要素的呼唤（民粹主义的动力），另一方面是个人服从于同质的标准或官僚机构发布的复杂规则？同样地，是否应该说，谨慎品质的危机判处了所有道德的死刑？是否应该说，在现在的情况下，环境领域和其他领域的事情只由人们的欲望和国家利益来裁决？

为了能够给出否定答案，避免政治上和精神上的倒退，我们有必要来看看17世纪的哲学家是怎么想的。很明显，在本书中出现的人类观和大自然观以及我们指出我们与动物的关系中的影响因素的方式与我们在笛卡儿或马勒伯朗士的论述中看到的东西是不同的。然而，笛卡儿的观点认为，道德必须以对其他科学领域知识的了解为前提，道德是最高的智慧，这个观点为我们提供了一个特别有趣的视角，而我们正站在政治哲学的角度上去思考问题并宣称政治哲学是本体论和政治的联结点①。

---

① 勒内·笛卡儿，《哲学原理》法语版前言信，《哲学著作》，费迪南德·阿尔基埃主编，1973，第三册，第770页。

　　换言之，我们把笛卡儿对于道德的说法应用到了政治哲学上，即使21世纪和17世纪人类所了解的事物是不一样的，即使在（现代技术和生态学暗示的）学问/权力对子的新型组织模式中，政治不该听凭专家吩咐。即便科学可以让人听到事物和非人类实体的声音，可以提议让它们进入到政治中——"一个共同世界的逐步构建"，就像拉图尔说的那样，这并不意味着，科学家陈述的事项为政治提供了一个严格框架，也不是说学者的任务就是提出建议。然而，我们不可能再继续认为，政治是两方游戏，它只需要管理人们的欲望和国家利益就好。非人类实体必须被代表，因为任何一个政治决定都不能不考虑与气候和生态系统恶化（生态系统恶化会产生全局性影响，影响到社会生活的其他方面）有关的资料，也因为我们对土地所做的事情和我们在大地上的居住方式说明了我们是怎样的人。因此，对于一些非人类实体，例如其他文化和其他社会来说也是一样的：它们不仅应该在国内和国际层面上被代表，而且它们应该是"斟酌"的对象。只有在这种条件下，生态学才真正踏入政治或民主体制中。

　　只有通过把视野拓展到政治和非人类实体的代表问题以外，我们才有希望以民主的方式应对那些与生态学、城市空间规划、文化和农业联系相关的挑战。为了让不同的利益相关方参与到与水资源管理相关的决策过程去而在地方层面上提出的解决方案（这是为了实现可持续发展）和谷物生产商或农民的所有提议都不足以让生态学进入到政治中去。这些努力体现了一种政治自主性，政治自主性是民主体制的推动器，也是一种保障条件，有了它，我们才能构建一个更加尊重人和环境的发展模式，才能抵抗生活方式和文化的同质化，抵御烦忧和个人主义（它们是一种建立在错误意识形态之上的社会政治组织体系产生的后果）。然而，如果这些地方层面的提议得不到对于人类形象和社会生活形象的严谨思考和奠定生态学立场的价值论的支持的话，它们就不太可能在全国范围内得到效仿，也不可能在国际层面上产生影响，甚至无法延续下去，无法创造一种真正的自主性文化来改变我们搞政治的方式。我们必须在审议过程中进行这种哲学性分析，而它必须决定如何处理利益冲突和观点冲突，这些冲突会出现在生态学和生物伦理学领域中，它们不一定就和传统意识形态之间的对立重合。如果没有这种探究指出政治冲突的原因与哲学立场有关，而不仅仅与利益或欲望有关，我们寻求的就总是折中方案。

最后一点，如果我们必须通过让不同利益相关者参与到决策过程，请教相关者的判断和经验，开展经验反馈来商讨决定或折中方案，那么这并不妨碍生态学要求个人对地球的健康状态和美妙之处、具有不同文化背景的人群的自由、生物多样性保护投以关切，因为生态学涉及了不同的消费模式，是一种日常性伦理学。民主体制的主体从生态学进入政治这

268 一刻开始发生了变化，因为这是一个拓宽了视野的主体，他赋予了生态系统另外的价值，而不是只重视生态系统对他的可用性。然而，我们更可以这么说，只有主体发生了改变并且实践斟酌，生态学才能在民主体制里占有一席之地。

只有伦理学和政治的主体不同于作为契约制基础的主体，我们对生态的关注才有意义。如果不颠覆主体含义，改变主体与自身关系和主体与他人关系的意义，生态学和可持续发展就很可能沦为简单的意向声明或姿态摆设。在我们的发展模式中，所有威胁到自由、正义、团结友爱、大自然的东西都会继续蔓延，使我们无法以民主方式解决环境危机，使公民无法就医学技术和实践领域的问题发表意见。

脆弱性伦理学中的哪些主要概念能够掌握这种研究角度的特殊性，将我们研究过的应用伦理学的不同领域连接起来？脆弱性伦理学的第一个范畴就是他异性。脆弱性伦理学确认了他异性三重体验之间的连带性，这三重体验改变了人们通常赋予"脆弱性"的意义（"脆弱性"往往与易碎性或弱势形象联系在一起）。我身体的蚀变性和我心理上的空虚感（凸显了生物的被动性和对他人的需求）是在我身上体验他异性（即我向他人敞开自己）的条件。这种责任概念（它是脆弱性伦理学的拱顶石）的初次出场，不能被简单归结为我对他人的责任或我对我所属集体的制度的关切。不仅这种责任概念涉及其他物种和大自然，而且，它不是传统意义上的义务。它不是一个简单的必要之举，一个受契约保护的承诺，我们首先要把这种责任概念看作是主体的改变，它说明了主体的自我性在向他者的敞开中构筑。

莱维纳斯的敞开范畴与这种虚幻的"我"的形象（我是独立的，我注意掌控自己的生活和掌控其他生物）做了彻底的决裂。然而，敞开范畴的创新别致之处尤其在于，它让人注意到差异，注意到差异的正面性和标准的异质化。把责任视作我身上的他异性，认为这种身上的他异性奠定了主体的自我性（如同莱维纳斯谈及"替代"时说的那样），这就是巩固主体、确认主体的力量，确认主体有在自己的生活中融入他人的需求的能力（包括他者的自由需求），确认主体有决心提出他的存在权问题（这个问题使人们无法问心无愧）。这同样也意味着有能力看到差异性，能够接受生命的独特性，接受我们与其他物种之间的差距，接受标准的异质化（这是让生命繁荣发展的条件）。

与任何说教型形象甚至母爱、关切不同，这种责任概念促使我们在照料和陪伴弱势人群、残障人群或生活情况不稳定的人群时，去注意这几点：他们完好无损的生命前景，残障的正面性，他们拥有欲望和价值的能力、他们的自由。这种对自主性的强调是围绕脆弱性概念展开的治疗计划的核心内容。护理模式并不是公民之间关系的典范，也不是反思政治的一个好模式，因为它不是我和他者关系的全部，包括这种情况：他们处于依赖状态，需要我和机构来帮助解读他们行为里想表达的意愿，帮助他们在护理关系和状况以外找到容身之所。

他异性以外，脆弱性伦理学的另外两个核心概念是自主性和脆弱性。我们已经看到，自主性指的是一种双重能力（拥有欲望和价值／知道如何在行为里体现出它们），而且，依赖状况只会影响到自主性的第二重意思。这点强调了人们要能够倾听那些自主性需要被他人支持的人，要能够解读他们的意愿，甚至是冒一些风险，而不是通过过于保护他们和禁止他们存在或参与世界来实现自我保护。同样地，我们研究主题中的脆弱性概念不应该与易损性、不稳定性或我们所称的社会脆弱性发生混淆。

身体和心理的易损性意味着或促成依赖关系。当我很容易受到伤害并不能实现自我恢复，没有他人的帮助就无法照料自己时，我就是易损的。当我的自尊完全取决于他人对我的尊重和社会认可时，我在精神上就是易损的。不同的生命形式和生态系统在遭受到远距离冲击和连锁反应的影响时会变得更加脆弱。我们所有人都是易损的，在这种意义上，我们同样也是脆弱的。然而，"脆弱性"一词的这一含义不能使它成为一种严谨的哲学概念。

仅仅强调人类的易损性和对他人的需求，就足以终结掉这种幻想：人是完全独立的，但是这忽视掉了脆弱性定义中的另一个方面。实际上，脆弱性同样也指他人身上发生的事与我有关，这就是莱维纳斯称之为责任的东西。这是一种我身上的他异性的体验，因为他人引发的冲击将我移开，造成我与自身的关系不再是简单地回归自身。我并不只关心我的死亡，但我之所以是我，是因为这种外在性。我同样会被他者身上对我说话的东西所触及，在《别样于存在》，尤其是《整体和无限》中，身体的衰败、他者的脆弱性和我的脆弱性奠定了我对他者的责任。对他者的惧怕，甚至这种想法——我不会为他做任何事，我会偷走他的位置——都减弱了唯一关切——自我保存中的自私性质。因此，责任说明了我的自我性来自我与他者的关系和我对这种关系的处理。不过这个他者不仅是另一个人。我的向阳位是贪婪的我通过篡取他人位置得来的，在我想要活下去的无辜借口之下，我破坏了自然资源——这种担心和我的消费模式施加到其他生物身上的暴力形象影响了人权的意义，当人们思考我们与后代的关系和我们对大地和生物的利用时，这一事实产生了巨大的影响。此外，我的责任主要是指我对那些制度机构的关注，它们组织了共在方式，确保人们公正对待那些离他们很遥远的兄弟，那些还未出生的人、动物和植物。换言之，脆弱性并不是一般所指的被动性。脆弱性，它是一种承诺，它要求我们思考人类和其他地球生物之间的关系，它命令我们关注地球的健康。

脆弱性把我对他人、其他生命形式、大自然的依赖与为构建它们的共存共处而付出的努力联系在一起。这种努力基本是和平性质的，但它并不排除死亡和破坏的发生。对于人类来说，这种努力是政治性的。它同样与知识和知识带给我们的特权联系在一起，因为我们能够理解其他的组织模式（与我们的组织模式大相径庭），明白什么有利或不利于这些组织模式或摧毁它们。最后一点，这种努力伴随着一种科技力量，这种科技力量会对其他所有的生命形式和生物圈产生影响。

因此，人类在所有脆弱的生命中，是对他者和大自然负责的那一个。人类和其他地球居民的不稳定生活环境是两个因素造成的后果：不负责任的社会组织模式；公共财产的不正确管理，公共财产包括自然资源、气候、空气和水。此外，以脆弱性概念为核心的政治组织体系和发展模式试图去推动人们尊重不同的生命形式，按照它们的存在方式和特殊标准来理解它们。这就是为什么他异性概念（它对应于差异的正面性）与多样性概念和异质性概念相关。

具体来说，这意味着我们对大自然和生物的所作所为有一个限度，这个限度是由那些我们利用或改变的实体来设定的。此外，反思行为和制度的意义是任何改革和任何裁判权的出发点。因此，工业化饲养（它强迫动物去适应与它们的动物行为需求相悖的大量生产体系）是不合理的。同样地，这种工作评估方式也是荒谬而有失公正的：根据管理部门定下的盈利目标，以提前决定好的业绩成绩来评估工作，而无视某一领域、某项服务或某项活动所需要的特殊专业能力和特殊物资材料。最后一点，一个这样的医疗实践或生物医学实践是有问题的：它对制度和社会实践的意义所产生的影响与这些制度的基础价值和社会实践的意义互相矛盾。

脆弱性伦理学与自主性伦理学是对立的，后者对自由有一个纯粹负面性的定义，并且不合常理地赞扬"独立"，在这种独立状态中，"我"要求政府权力认可和保障实现我的欲望（往往取决于社会压力）。然而，自主性是脆弱性伦理学中的一个重要概念。诚然，自主性概念在脆弱性伦理学中的地位使它与自由哲学区别开来。然而，一旦人们说，责任（而不是自我肯定或自我约束）是脆弱性伦理学的主体的存在方式，人们就必须补上一句：没有对自主性的推动（即政治自主性和思考自由），任何符合上文列出的责任标准的行为都是没有意义的。

通过强调这样一种政治文化的重要性，即让生态学进入到民主政治，在经验反馈的基础上提议改革或评估，我们的观点与罗尔斯和哈贝马斯的哲学理论（他们的哲学都受到了康德思想的启发）不谋而合。同样地，在我们对主宰社会政治组织体系的错误意识形态进行分析之时，我们就已经指出了判断力和语言使用在文化维护（它是对世界的热爱和公共空间的创建条件）中的重要性，并且再次提及了启蒙运动时期哲学的中心主题。我们对深生态学（深生态学批评传统伦理学和传统哲学中的人类中心主义）的回顾反常地把我们重新引导到传统哲学和启蒙运动思想上去，让我们相信，思考自由就算不是进步的条件，至少也是适应性的条件。同样地，我们从"关怀"的政治化中得出的审慎态度，对我们来说，一部分是由政治自由主义的创立者和康德（他严谨地区分了法律和伦理，道德和政治）决定的。对于把人类简单归结为关系的总和，混淆了认同和对爱、照顾的需求，忽视了认可概念的复因决定因素的思想，有一种人类形象与它是对立的：这种人类形象不仅询问人类的需求，还询问人类愿意付出的东西以及成为人类"斟酌"对象的东西。

我们用"斟酌"概念来结束对脆弱性伦理学的介绍。它可以说是脆弱性伦理学的浓缩摘要，它与脆弱性伦理学的主要概念——责任概念（我们必须要注意它的严谨性和过渡性）是一致的。我们要对我们的所作所为负责任，即使我们看不到它或者我们不能想象它，就像克劳德·伊特里对于广岛原子弹投掷事件的感触一样。我们的某些行为造成的毁灭性后果不一定能够马上显现出来，也不一定能够为肉眼所识别。此外，现代技术让我们习惯于与他者拉开距离，至于我们的责任对象保持一种潜在的联系。受害者数量掩盖了他们本身，让他们无法得到人们的同情。但是我们需要构建一种责任概念，它要与我们的技术和我们集体实施的地质行为相匹配。怎么样才能做到呢？

理论和实践的关系无法一蹴而就；当受害者或痛苦的生命是人或动物时，我们所感受到的同情，对于受害者是大地或气候的情况来说，是没有什么实际意义的——在这种情况下，如何在日常生活中和全世界范围内引导意愿，使我们接受这样一种责任？"斟酌"（它不是谨慎）会在这层联系上做文章①。同样地，"斟酌"使我们能够重新考虑脆弱性伦理学的特殊性之一，即这种观点——只有从探究人类自身和主体开始，人们才有希望应付环境保护危机，构思出另一种发展模式、另一种伦理学、另一种政治、另一种民主体制。"斟酌"是使我们接受责任的态度。

"斟酌"是一种注意力的差别性手段，它所包含的三种含义是人类与自身关系和人类与他者关系（本书讨论主题）中的核心内容。"斟酌"意味着我专心地看事物和生命，不在他们身上投射我看待事物的方式，暂停我的期许和我的害怕，牢记他者和我不一样，我所斟酌的人类和实体与我不同，甚至与我的世界毫无干系。这种专心看他们和按照他们的存在方式和他异性理解他们的方式说明了我能够重视他们。

"斟酌"一词的第二种含义意味着，被端详的事物和生命不仅仅是我的责任对象，他们还是主体（我们每次都需要明

---

① 即使"斟酌"以所有德行为前提，并承认德行之间的连带性，对于圣伯尔纳铎来说，斟酌是谨慎的基础，而不是相反。

确指出这是什么意思）。我和他们之间是正义关系，法律无法完全定义这种关系。他们不仅仅是这样的生物或实体：他们只享有衍生权利或他们的生存取决于我的人性或慈悲。他们存在于世界上并进入到我的"斟酌"场里，按照我看待自身的方式，我首先看我是谁，"你优先"就像圣伯尔纳铎说的那样，"那些在你之下，在你周围和在你之上的东西"①。

第一眼看上去，人们可以说，这个词汇暗示着高度贵贱之分，这与我们之前所说的标准异质化以及从一个生命或实体的周遭环境和特有标准出发去思考它的价值的必要性格格不入。这样的看法与生命金字塔形象和人类处于造物的顶端层级，与其他物种不一样，不属于进化范畴的观点是相反的。然而，把人类列入生物延续范畴，结束某种关于人类特性和道德可考量性的论说（它赋予了生物道德地位，但这并不意味着动物和我们拥有同样的权利）都意味着，当我们试图理解其他物种和大自然时，当我们思考我们与它们的共处时，我们会打点好世界并设定好优先顺序，努力协调不同的目标，比如尊重生物多样性和尊重文化传统。因为人类是政治动物，因为他要安排世界和空间，所以他不能不去思考优先顺序。"斟酌"是一个政治概念，它也包含了这一点。问题不在于区

---

① 圣伯尔纳铎，《论沉思》，第48页。

分高低贵贱，而在于决定，在某一时刻，什么对我们来说是最重要的。这个评论阐明了圣伯尔纳铎提出的秩序，这个秩序同样也是考虑事情时依照的优先顺序[①]。

"斟酌"概念的第三种含义，"重视……"，与价值论有关，价值论是生态学所需要的形而上学的基本因素。我们已经指出了固有价值概念的重要性，它常常和深生态学混淆在一起，人们可以在利奥波德的大地伦理学中发现它。同样地，我们强调了罗尔斯顿的贡献，他构建了一种三重价值理论（工具价值、固有价值、系统价值），解释了在什么意义上，一个动物、一株植物、一个不是有机组织的生态系统能够"赋予价值"。远不是把地球当作生物，就像盖亚假说那样，术语"价值"的这种差异化使用对应于"斟酌"。万物都是宝贵的，它们都是价值的主体和客体。斟酌主体感受到的价值，不是一定与主体相关，即使是由主体来确定这种价值的认可或否定方式。在这里，马勒伯朗士的理论应验了。对于马勒伯朗士来说，伦理主体不是价值的起源，即使价值必须是他的占有之物。这是否意味着，秩序以一种捉摸不定的方式确定了价值的来源（按照法国哲学家想要表达的意思来理解这句话）？

不该由我们来回答这个问题。马勒伯朗士让我们感兴趣

---

① 圣伯尔纳铎，《论沉思》，第48页。

的是，他把愉悦当作动机，牵引着意愿走向它的目的，实现
了从理论到实践，从一般规律到具体行动的过渡。然而，愉
悦并不是脆弱性伦理学中促使个人了解责任（我们已经无数
次强调了这种责任的过渡性和合理性）的动机，"斟酌"则占
据了这个动机的位置。"斟酌"它自己甚至不是一个动机，而
是一种态度，它是我们所寻找的责任概念和行动之间的媒介，
尤其是在同情、情感和代表制不足以落实责任的情况下。

　　"斟酌"不是经验论也不是康德所说的病理学的概念。它
也不等于对我心中的道德律或我所服从的人性的尊重。脆弱
性伦理学包含了对非人类实体的固有价值的认可，这就意味
着，人类本身并不是唯一的目的。"斟酌"包含了上述的三种
含义并确认了这三种含义之间的连带性。"斟酌"是一种行为，
它每一次都会被更新，通过它，脆弱性伦理学的主体（他非
常关注他的权利的应有状态）会去思考他在大地上的位置，
他所做的事，他是什么样的人。如同在沉思和"专心追逐真
理的过程"[1]中，主体会进行"斟酌"活动，这并不是为了获
得他的真实性，而是因为主体与他者有关，与其他人、其他
生物、各种生态系统、各种文化和他隶属圣伯尔纳铎所称的
耶稣对应物上："专属于你的圣言，是你的'斟酌'"[2]。

---

① 圣伯尔纳铎，《论沉思》，第47页。

② 圣伯尔纳铎，《论沉思》，第49页。